今すぐ使えるかんたんmini

Imasugu Tsukaeru Kantan mini Series

iPhoneで楽しむ
LINE

改訂
2版

ライン

超入門

JN026701

技術評論社

本書の使い方

セクションという単位ごとに機能を順番に解説しています。

セクション名は、具体的な作業を示しています。

セクションの解説内容のまとめを表しています。

Section

35

お役立ち度
☆☆★

第5章 グループを活用しよう

招待された グループに参加しよう

グループに招待されると、友だちリストに「招待されているグループ」というカテゴリが追加されます。参加を表明して、グループに仲間入りしましょう。

番号付きの記述で操作の順番が一目瞭然です。

1 ＜ホーム＞をタップして「ホーム」画面を表示し、

2 ＜招待されているグループ＞をタップして、

3 招待されているグループをタップします。

5 グループを活用しよう

かおる

Keep

Â グループ1

グループ作成

オープンチャット

招待されているグループ
カフェ巡り

操作の基本的な流れ以外は番号のない記述になっています。

4 ＜参加＞をタップします。

＜拒否＞をタップしても、グループのメンバーには通知されません。

■をタップすると、グループのメンバーを確認できます。

カフェ巡り
なっちゃんがグループに招待しました。

⊘ 拒否

🡒 参加

- 本書の各セクションでは、画面を使った操作の手順を追うだけで、LINE の使い方がかんたんにわかるように説明しています。
- 操作の流れに番号を付けて示すことで、操作手順を追いやすくしてあります。

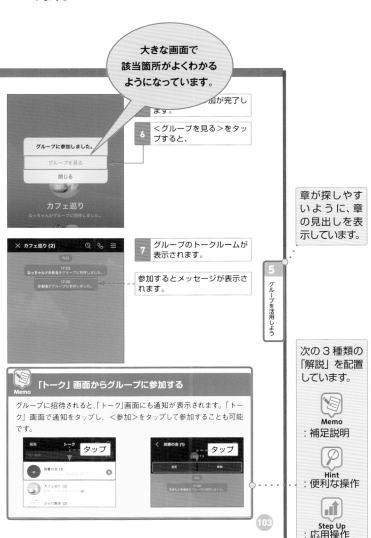

大きな画面で
該当箇所がよくわかる
ようになっています。

加が完了します。

6 <グループを見る>をタップすると、

グループに参加しました。

グループを見る

閉じる

カフェ巡り
なっちゃんがグループに招待しました。

章が探しやすいように、章の見出しを表示しています。

× カフェ巡り (2)

今日
なっちゃんがかおるをグループに招待しました。
17:05
かおるがグループに参加しました。

7 グループのトークルームが表示されます。

参加するとメッセージが表示されます。

5
グループを活用しよう

次の3種類の「解説」を配置しています。

Memo
：補足説明

Hint
：便利な操作

Step Up
：応用操作

Memo 「トーク」画面からグループに参加する

グループに招待されると、「トーク」画面にも通知が表示されます。「トーク」画面で通知をタップし、<参加>をタップして参加することも可能です。

編集　トーク　　　　タップ

読書の会 (1)

カフェ巡り (2)

ぶらり散歩 (3)

< 読書の会 (1)　　　タップ

拒否　　　　　参加

今日
たかしがかおるをグループに招待しました。

103

3

本書で解説している操作内容について

本書は、LINE を iPhone 上で楽しむ方法を解説しています。

❶タッチパネルの操作

タップ

画面を指でトンと1回たたく動作です。

ドラッグ/スライド

指を画面から離さずに動かす動作です。

ダブルタップ

画面を指でトントンと2回たたく動作です。

スワイプ

画面に触れた状態で指を払う動作です。

タッチ

画面に指を触れたままにする動作です。

押す（3D Touch）

画面を軽く押し込む動作です。

ピンチイン

開いている人差し指と親指を閉じ合わせる動作です。画面が縮小されます。

ピンチアウト

人差し指と親指を押し開く動作です。画面が拡大されます。

❷本書で解説しているアプリのバージョン

LINE アプリに関する解説は、とくに断りのないかぎり、2020 年 10 月末日現在での最新バージョンをもとにしています。アプリはバージョンアップされる場合があり、本書の説明とは機能内容や画面図などが異なってしまうこともあり得ます。あらかじめご了承ください。

CONTENTS

第**3**章 トークを楽しもう

CONTENTS

第4章 無料通話を楽しもう

CONTENTS

第5章 グループを活用しよう

第6章 LINEをもっと使いこなそう

CONTENTS

iPhoneでLINEを
はじめよう

Section 01

LINEってどんな サービス?

LINEは、好きな時間にメッセージを送ったり通話したりできる無料のコミュニケーションアプリです。まずはその特徴を見ていきましょう。

1

無料で楽しくコミュニケーション

LINE は、メッセージや通話など、さまざまな楽しみ方ができるコミュニケーションアプリです。メールやチャットのようにメッセージを交換するだけでなく、「スタンプ」という大きなイラストを送って気持ちを伝えられるのが特徴の1つです。写真や動画、音声などもかんたんに送れます。1 人の友だちを相手にやり取りをすることはもちろん、複数の友だちとグループ内で交流することもできます。また、電話のように通話できたり、気軽にビデオ通話できたり、Facebook のように近況を投稿して「いいね!」をもらったりできるなど、メッセージの交換以外にもさまざまなことができます。さらに、企業からのお得な情報を受け取ることも可能です。なお、これらのサービスは基本的に無料で提供されています(パケット通信料除く、一部有料サービスあり)。

メールより手軽に送れる

LINE は、メールに比べると視覚的に使いやすく、手軽にメッセージのやり取りができます。たとえば「トーク」画面では、相手のメッセージと自分のメッセージを一覧表示で見ることができるので、「今何しているの?」などの短いメッセージのやり取りも気軽に行えます。また、「スタンプ」と呼ばれる大きなイラストを送ることができるので、言葉では伝わりづらい感情も伝えやすいでしょう。ほかにも、相手がメッセージを読んだかどうかがわかる「既読」機能があるので、返信がなくても相手の状況を知ることができます。

メールより手軽にサクサクメッセージのやり取りができます。

無料で通話ができる

LINE はメッセージによるコミュニケーションだけでなく、電話のような音声通話も無料でできます。電話回線を使って話す通常の電話とは異なり、インターネット回線を利用して相手と話します。LINE どうしでの通話なら iPhone のパケット通信料だけで電話料金はいっさいかかりません。ただし、通信量が多いので、利用制限などに注意しましょう。なお、従量課金や通信制限のない家庭の Wi-Fi などを使えば長時間の通話も安心です。

お得に友だちと音声通話、ビデオ通話を楽しみましょう。

LINEアプリを
インストールしよう

<LINE>アプリは<App Store>アプリから無料
で入手できます。なお、インストールにはApple ID
が必要なので、事前に準備しておきましょう。

iPhoneでLINEをはじめよう

1 ホーム画面で<App Store>をタップし、

2 画面下部の<検索>をタップします。

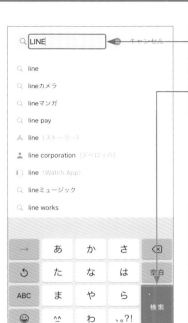

3 検索フィールドをタップして「LINE」と入力し、

4 <検索>（または<Search>）をタップしたら、

Memo そのほかのLINEアプリ

「LINE MUSIC」や「LINE Camera」、「LINEマンガ」などの関連アプリのほか、連携が可能なゲームアプリなどがあります。

5 検索結果から<LINE >をタップします。

Memo 「App内課金」とは

課金サービスがあるアプリには、「App内課金」の表示があります。LINEの場合は、スタンプや着せかえに有料のものがあるため表示されています（Sec.40 ～ 41参照）。なお、LINE自体は基本的に無料で利用できます。

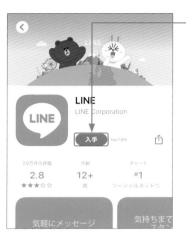

6 <入手>をタップし、

「購入を完了するにはサインイン します」画面が表示された場合は、Apple IDとパスワードを入力して<サインイン>をタップします。

7 <インストール>をタップします。

ここではApple IDでインストールを行います。

8 Apple IDのパスワードを入力して、

Face IDの場合は前面のカメラに顔を向けてください。なお、Touch IDの場合はホームボタンに指をあててください。

9 <サインイン>をタップします。

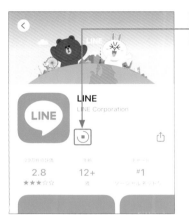

10 アプリのインストールが開始されます。

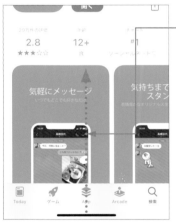

11 インストールが完了したら、画面下部から上方向にスワイプします。

本書ではホームボタンのないiPhoneを使用して解説しています。ホームボタンがある場合は、ホームボタンを押します。

12 ホーム画面に<LINE>アプリのアイコンが表示されます。

Section

03

アカウントを登録しよう

お役立ち度
★ ★ ★

インストールが完了したら、LINEを利用するために必要なアカウントの登録を行いましょう。ここでは、電話番号を使用した登録方法を解説します。

iPhoneでLINEをはじめよう

1

1 ホーム画面で<LINE >をタップし、

<LINE >アプリのアイコンが見つからない場合は、ホーム画面を左右にスワイプして探してみましょう。

LINE

LINEへようこそ

無料のメールや音声・ビデオ通話を楽しもう！

ログイン

新規登録

2 <新規登録>をタップします。

Hint アカウントを引き継ぐ

機種変更などで電話番号が変更になった場合は、手順2で<ログイン>をタップし、画面の指示に従って進むと、アカウントを引き継ぐことができます（Sec.51参照）。

22

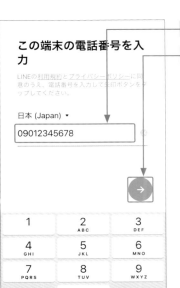

3 電話番号を入力し、

4 ⊙ をタップします。

5 <送信>をタップすると、自動的に番号認証されます。

この端末の電話番号を入力

LINEの利用規約とプライバシーポリシーに同意のうえ、電話番号を入力して矢印ボタンをタップしてください。

日本 (Japan) ▾

09012345678

1	2 ABC	3 DEF
4 GHI	5 JKL	6 MNO
7 PQRS	8 TUV	9 WXYZ
	0	⊗

この端末の電話番号を入力

LINEの利用規約とプライバシーポリシーに同意のうえ、電話番号を入力して矢印ボタンをタップしてください。

日本 (Japan) ▾

09012345678

+81 90-1234-5678
上記の電話番号にSMSで認証番号を送ります。

キャンセル　　　送信

Memo 認証番号の入力

自動的に番号認証されないときは、手順**5**のあと、SMSで送られてきた認証番号を直接入力すると、自動的にP.24手順**6**の画面が表示されます。

「すでにアカウントをお持ちですか?」画面が表示されたら、<アカウントを新規作成>をタップします。

6

<アカウントを引き継ぐ>をタップすると、以前の端末で使用していたアカウントを引き継ぐことができます。

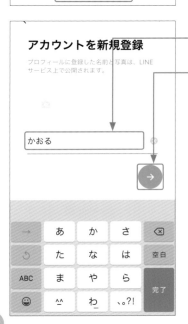

7 LINEで使用する名前を入力し、

8 ◉をタップします。

(left margin)

1

iPhoneでLINEをはじめよう

24

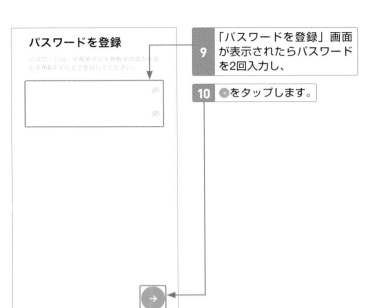

パスワードを登録

パスワードは、半角英字と半角数字の両方を含む半角6文字以上で登録してください。

| 9 | 「パスワードを登録」画面が表示されたらパスワードを2回入力し、 |
| 10 | ➡をタップします。 |

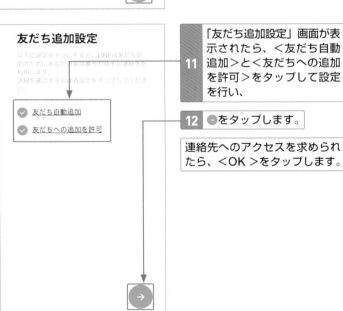

友だち追加設定

以下の設定をオンにすると、LINEは友だち追加のためにあなたの電話番号や端末の連絡先を利用します。
詳細を確認するには各設定をタップしてください。

✓ 友だち自動追加

✓ 友だちへの追加を許可

| 11 | 「友だち追加設定」画面が表示されたら、<友だち自動追加>と<友だちへの追加を許可>をタップして設定を行い、 |
| 12 | ➡をタップします。 |

連絡先へのアクセスを求められたら、<OK>をタップします。

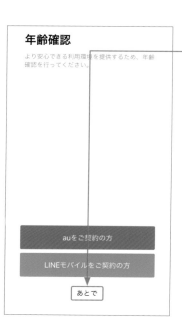

年齢確認

より安心できる利用環境を提供するため、年齢確認を行ってください。

au をご契約の方

LINE モバイルをご契約の方

あとで

13 「年齢確認」画面が表示されたら、＜あとで＞をタップします。

Hint 年齢確認を行う

年齢確認を行うと、ID や電話番号で友だち検索を行うことができます（Sec.10 ～ 11参照）。また、相手が自分を検索できるようにするために必要です。年齢確認はあとからでも行うことができます。

サービス向上のための情報利用に関するお願い

LINE は不正利用の防止、サービスの提供・開発・改善や広告配信を行うために以下の情報を利用します。友だちとのテキストや画像・動画などのトーク内容、通話内容は含みません。
これらの情報は、LINE 関連サービスを提供する会社や当社の業務委託先にも共有されることがあります。

・友だちとのコミュニケーションに関する以下の情報
 - スタンプ、絵文字、エフェクト　 - フィルター
 - トークの相手、日時、頻度、データ形式、拡張機能や URL へのアクセスなどの利用状況

・〜〜スタンプやエフェクト、機能を使った場合、その利用コンテンツのデータ形式等を利用します

・LINE 経由で URL にアクセスした際のアクセス元情報
 ※例えば、友だちとのトークルームからアクセスした場合、そのトークルームのことを指します。

この他、「通知メッセージ機能」もご利用いただくことが可能です。当社が利用する情報及び通知メッセージ機能の詳細は、<u>こちら</u>をご確認ください。
以上をご確認の上、「同意する」をタップしてください。未成年の方は、保護者の方と一緒にご確認ください。

LINE 株式会社

同意する

同意しない

14 「サービス向上のための情報利用に関するお願い」と表示されたら、＜同意する＞をタップします。

1

iPhone で LINE をはじめよう

26

最適な情報・サービスを提供するために位置情報などの活用を推進します
あなたの安全を守るための情報や、生活に役立つ情報を、位置情報（端末の位置情報やLINE Beaconなどの情報）に基づいて提供するための取り組みを推進します。同意していただくことで、例えば、大規模災害時の緊急速報等の重要なお知らせや、今いるエリアの天候の変化、近くのお店で使えるクーポンなどをお届けできるようにしていきたいと考えております。

取得する情報とその取扱いについて
■本項目に同意しなくとも、LINEアプリは引き続きご利用可能です。
■LINEによる端末の位置情報の取得停止や、取得された位置情報の削除、LINE Beaconの利用停止は、[設定]＞[プライバシー管理]＞[情報の提供]からいつでも行えます。

<端末の位置情報>
LINEは上記サービスを提供するため、LINEアプリが画面に表示されている際に、ご利用の端末の位置情報と移動速度を取得することがあります。取得した情報はプライバシーポリシーに従って取り扱います。詳細はこちらをご確認ください。

◎ 上記の位置情報の利用に同意する（任意）
◎ LINE Beaconの利用に同意する（任意）

OK

---

15 内容を確認し、＜OK＞をタップします。

位置情報に関する画面が表示されたら、＜1度だけ許可＞または＜Appの使用中は許可＞をタップします。

16 通知に関する画面が表示されたら、＜OK＞や＜許可＞をタップします。

ホーム

かおる   Keep

グループ

友だち 2

サービス   すべて見る

オープン   スタンプ   着せかえ   GAME
チャット

LINE LIVE   LINEバイト   LINEギフト   追加

あなたにおすすめの音楽を無料で聴こう   もっと見る

ケツメイシ   ONE OK...   西野 カナ   シェキ
無料で聴く   無料で聴く   無料で聴く   無料で

---

17 アカウント登録が完了し、LINEの「ホーム」画面が表示されます。

Memo 「ホーム」画面とは

「ホーム」画面では、追加したグループ（Sec.33参照）や友だち（Sec.07参照）を一覧で確認できます。LINEの各種サービスへもアクセスすることができます。

Section

04

LINEを
起動/終了しよう

お役立ち度
★★★

<LINE>アプリは、ホーム画面でアイコンをタップするだけで起動します。なお、画面を上方向にスワイプするとアプリが終了します。

iPhoneでLINEをはじめよう

1 ホーム画面で<LINE >を
タップすると、

3D Touchで
Step Up 起動する

ホーム画面で<LINE>を押すと
メニューが表示され、QRコード
(Sec.08 〜 09参照) やトーク
(Sec.15参照) の画面をすば
やく開くことができます。

LINE	
新規トーク	💬
コード支払い	⊛
QRコードリーダー	⊟
通知の一時停止	🔇

2 LINEが起動します。

起動後は前回終了時の画面が表
示されます。

⚙ ホーム 🔔 ዲ₊

🔍 検索

かおる Keep

🐵 グループ ∨

👥 友だち 2 ∨

サービス

28

3 <LINE >アプリを起動した状態で、画面下部から上方向にスワイプします。

ホームボタンがある場合は、ホームボタンを押します。

Memo アプリを完全に終了させる

画面下部を上方向にスワイプして指を止めたあと、<LINE >アプリの縮小画面を上方向にスワイプすると、アプリが完全に終了します。ホームボタンがある場合は、ホームボタンをすばやく2回押し、縮小画面を上方向にスワイプします。

4 LINEが終了し、ホーム画面に戻ります。

Memo 起動していなくても通知は表示される

<LINE >アプリを終了しても、バックグラウンドでは動いているので、メッセージを受信すると通知されます。

29

Section

05

画面の見方を確認しよう

お役立ち度
★★★

LINEには、トークやタイムラインなどのさまざまな画面があります。画面下部のメニューから、それぞれ切り替えて利用します。

iPhoneでLINEをはじめよう

> 1 「ホーム」画面で、<ウォレット>をタップすると、

> 2 「ウォレット」画面に表示が切り替わります。

Memo メニュー項目を確認する

画面下部のメニューをタップして画面を切り替えます。メニューの内容は以下を参照してください。

❶	🏠	「ホーム」画面（P.31 参照）が表示されます。
❷	💬	「トーク」画面（P.31 参照）が表示されます。
❸	🕐	「タイムライン」画面（P.31 参照）が表示されます。
❹	📄	「ニュース」画面（P.32 参照）が表示されます。
❺	📁	「ウォレット」画面（P.32 参照）が表示されます。

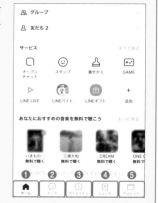

「ホーム」画面

新しい友だちを追加できます。

自分のアイコンと名前、ステータスメッセージが表示されます。

友だちやグループなどの一覧がカテゴリごとに表示されます。

カテゴリ名をタップすると、表示／非表示を切り替えられます。

「トーク」画面

トークルームを作成できます。

最後にやり取りした時間や曜日などが表示されます。

トークルームの一覧が表示されます。タップすると、そのトークルームに入室できます。

「タイムライン」画面

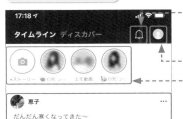

新着の投稿が表示されます。

タイムラインに関する設定が行えます。

投稿してから24時間で消えるストーリーが表示されます。

自分や友だちの投稿が時系列順に表示されます。

「ニュース」画面

ニュースのカテゴリが一覧表示されます。

注目度の高いニュースが表示されます。

天気や鉄道の運行情報など、生活に役立つ情報が自動で切り替わって表示されます。

左右にスワイプすると、カテゴリごとにニュースを表示することができます。

「ウォレット」画面

所有しているLINEポイントが表示されます。タップすると、獲得日や使用履歴を確認できます。

LINE Payの残高が表示されます。

クーポンやLINEギフトなど、LINEのサービスが表示されます。

店舗のポイントカードや会員証を登録して、LINEでまとめて管理できます。

第2章

友だちを追加しよう

Section 06

LINEの友だちって何だろう?

LINEを楽しむためには、友だちを登録する必要があります。友だちを登録して、トークや無料通話などの交流を楽しみましょう。

お役立ち度
★★★

友だちは多いほうが楽しい

より多くの友だちを登録することで、LINE の楽しみ方はさらに広がります。家族や友人、知人と友だちになって交流の機会を増やしましょう。なお、LINEのアカウントを登録する際に、友だちを自動追加するかどうかを選択できるようになっていますが、この方法以外で友だちを追加することもできます。Sec.03のアカウント登録時にうまく友だちを登録できなかった人は、この章で紹介するさまざまな方法を参考に、自分で友だちを追加してみてください。また、LINEでは、友だちとの交流だけでなく、企業などの公式アカウントから便利な情報や最新のニュースを受け取ることもできます。公式アカウントを友だちとして登録すると、スタンプや着せかえを無料でもらえたり、お得なクーポンをお店で利用できたりする場合もあるので、うまく活用してみましょう。

2
友だちを追加しよう

友だちを登録しよう

LINE には、ID や電話番号で友だちを検索したり、その場にいっしょにいる友だちとなら、「QR コード」で情報を交換したりできるなど、友だちを追加する方法がいくつも用意されています。iPhone の連絡先から LINE を利用している友だちを自動で登録する便利な方法もありますが、自動追加を許可していない設定の人もいるので、そのようなユーザーとは、この章を参考に個別に友だち登録を行いましょう。

仲のよい友だちを登録して、楽しく交流しましょう。

「ホーム」画面はアレンジできる

友だちが増えると、「ホーム」画面で目的の友だちを探すのが困難になることもあります。そのようなときは、頻繁にトークする友だちを「お気に入り」に追加してリストの上位に表示したり、あまり交流がない人を非表示にしたりしてアレンジを施すのも1つの方法です。また、LINE に表示する友だちの名前を、ニックネームなどのわかりやすい名前に変更したり、連絡を取りたくない人を友だちから外したり（ブロック）することもできます。

仲がよく頻繁にやり取りをするAさんは「お気に入り」へといった整理ができます。

Section

07

「ホーム」画面を確認しよう

LINEの友だちは、「ホーム」画面に一覧表示されます。よくトークする仲のよい友だちを「お気に入り」に登録しておけば、リストの上位に表示できます。

2

友だちを追加しよう

1 <ホーム>をタップして「ホーム」画面を表示します。

友だちが一覧で表示されます。

2 お気に入りに登録したい友だちをタップして、

3 ☆をタップします。

4 ★に表示が変わり、お気に入りに追加されます。

この画面からトークや通話を始めることもできます。

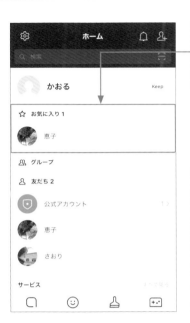

5 お気に入りに追加した友だちは、「ホーム」画面の「お気に入り」欄に表示されます。

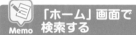

Memo 「ホーム」画面で検索する

手順5の画面で、画面上部の検索フィールドをタップすると、登録されている友だちやグループ、トーク内容を検索できるほか、LINE上で利用できるサービスなども表示されます。

Memo カテゴリを折りたたむ

「お気に入り」や「知り合いかも?」といったカテゴリ名の右側に表示されている ∨ をタップすると、カテゴリ内の情報を非表示にすることができます。再度表示させたいときは、∨ をタップします。

タップ

折りたたまれます。

Section

08

QRコードで友だち を追加しよう

お役立ち度
★★★

LINEユーザーにはQRコードが割り当てられています。QRコードを利用すれば、友だちをかんたんに追加することができます。

友だちを追加しよう

1 <ホーム>をタップして 「ホーム」画面を表示し、

2 🖳をタップして、

3 <QRコード>をタップします。

カメラと写真へのアクセスを求められたら、<許可>をタップし、画面の指示に従って設定します。

相手にQRコードを表示してもらいます（Sec.09参照）。

4 枠内に友だちのQRコードを写します。

友だちからQRコードの画像が送られてきた場合は、画面右上のサムネイル画像をタップして、QRコードの画像を選択します。

<マイQRコード>をタップすると、自分のQRコードが表示されます。

5 検索結果が表示されるので、名前とアイコン画像を確認し、

6 間違いがなければ<追加>をタップします。

7 P.36手順1を参考に「ホーム」画面を表示すると、「友だち」欄に追加した友だちが表示されます。

自分のQRコードを表示しよう

お役立ち度
★★★

相手に友だち登録をしてもらうときに、自分のQRコードを表示できるようにしておくと便利です。QRコードはメールに添付することも可能です。

友だちを追加しよう

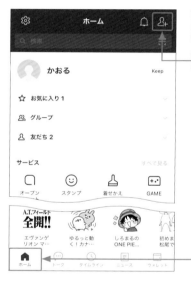

1 <ホーム>をタップして「ホーム」画面を表示し、

2 🔩をタップして、

3 <QRコード>をタップします。

カメラと写真へのアクセスを求められたら、<許可>をタップし、画面の指示に従って設定します。

4 <マイQRコード>をタップ すると、

5 自分のQRコードが表示され ます。

相手にQRコードを写してもら いましょう(Sec.08参照)。

友だちがこのQRコードをスキャンすると、あ なたを友だちに追加できます。

Step Up
QRコードをメールなどで送信する

QRコードをメールやそのほかのメッ セージアプリで送信したい場合は、手 順5の画面で⬆→<他のアプリ>の順 にタップすると、AirDropやメッセージ などを用いて相手に送信できます。

IDを検索して友だちを追加しよう

友だちがIDを設定し、IDによる検索を許可している場合は、IDを検索して友だちを追加することができます。

ID を検索する

1 <ホーム>をタップして「ホーム」画面を表示し、

2 🖇をタップして、

3 <検索>をタップします。

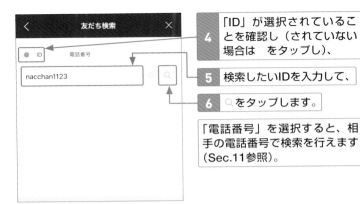

4 「ID」が選択されていることを確認し（されていない場合は をタップし）、

5 検索したいIDを入力して、

6 をタップします。

「電話番号」を選択すると、相手の電話番号で検索を行えます（Sec.11参照）。

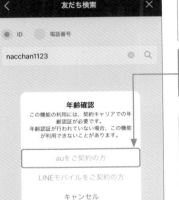

年齢確認が済んでいる場合は、P.47手順 2 へと進んでください。

7 <○○（キャリア名）をご契約の方>をタップします。

Memo キャリアにより画面は異なる

年齢確認の表示画面は、キャリアによって異なります。ソフトバンクはP.44、ドコモはP.45、auはP.46を参照してください。なお、格安SIMでは基本的に年齢確認はできません。

Memo 年齢確認について

IDと電話番号による検索は、検索する側とされる側の両方が年齢確認を済ませておく必要があります。なお、年齢確認ができない場合は、Sec.52を参照してください。

ソフトバンクの場合

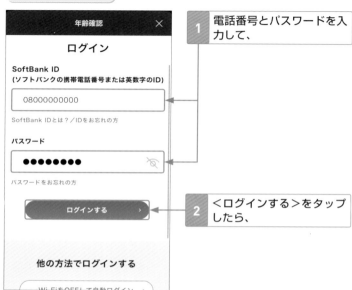

1 電話番号とパスワードを入力して、

2 <ログインする>をタップしたら、

3 <注意事項を確認しました>をタップしてチェックを付け、

4 <同意する>をタップします。

5 「処理が完了しました」と表示されるので、<OK>をタップします。

ドコモの場合

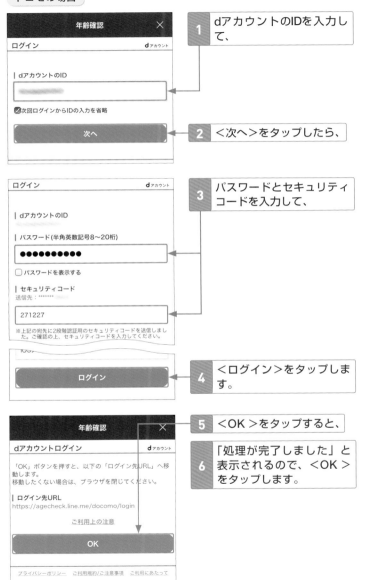

1 dアカウントのIDを入力して、

年齢確認　✕

ログイン　　　　　　　　　dアカウント

| dアカウントのID

☑次回ログインからIDの入力を省略

次へ

2 <次へ>をタップしたら、

ログイン　　　　　　　　　dアカウント

| dアカウントのID

| パスワード(半角英数記号8～20桁)

●●●●●●●●●●

◯ パスワードを表示する

| セキュリティコード
送信先：＊＊＊＊＊＊＊

271227

※上記の宛先に2段階認証用のセキュリティコードを送信しました。ご確認の上、セキュリティコードを入力してください。

3 パスワードとセキュリティコードを入力して、

ログイン

4 <ログイン>をタップします。

年齢確認　✕

dアカウントログイン　　　　dアカウント

「OK」ボタンを押すと、以下の「ログイン先URL」へ移動します。
移動したくない場合は、ブラウザを閉じてください。

| ログイン先URL
https://agecheck.line.me/docomo/login

ご利用上の注意

OK

プライバシーポリシー　ご利用規約/ご注意事項　ご利用にあたって

© 2015 NTT DOCOMO, INC. All Rights Reserved.

5 <OK>をタップすると、

6 「処理が完了しました」と表示されるので、<OK>をタップします。

au の場合

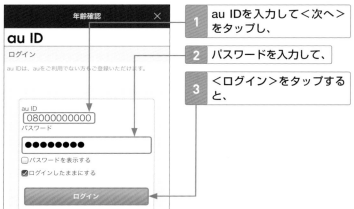

1 au IDを入力して<次へ>をタップし、

2 パスワードを入力して、

3 <ログイン>をタップすると、

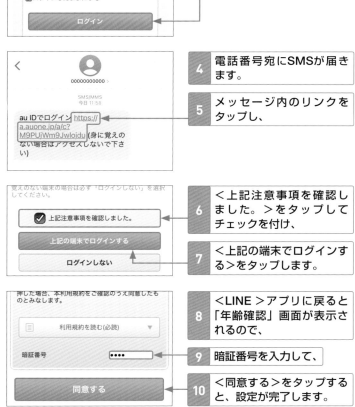

4 電話番号宛にSMSが届きます。

5 メッセージ内のリンクをタップし、

6 <上記注意事項を確認しました。>をタップしてチェックを付け、

7 <上記の端末でログインする>をタップします。

8 <LINE>アプリに戻ると「年齢確認」画面が表示されるので、

9 暗証番号を入力して、

10 <同意する>をタップすると、設定が完了します。

友だちを追加する

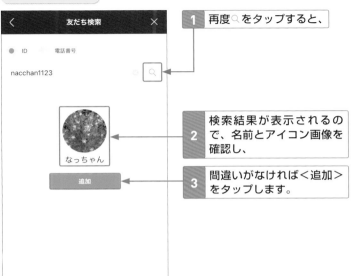

1 再度 🔍 をタップすると、

2 検索結果が表示されるので、名前とアイコン画像を確認し、

3 間違いがなければ<追加>をタップします。

4 P.36手順1を参考に「ホーム」画面を表示すると、「友だち」欄に追加した友だちが表示されます。

Step Up IDの設定

IDを設定しておくと、相手が自分を友だちに追加しやすくなります。IDの設定は「プロフィール」画面で行います（Sec.43参照）。

47

電話番号を検索して友だちを追加しよう

電話番号を検索して友だちを追加できます。ただし、IDによる検索を許可しているユーザーのみが検索対象です。

2

友だちを追加しよう

1 <ホーム>をタップして「ホーム」画面を表示し、

2 🔍をタップして、

3 <検索>をタップしたら、

あらかじめSec.10を参考に年齢確認をしておきます。

4 「電話番号」の◯をタップして●にし、

5 検索したい電話番号を入力して、

6 🔍をタップします。

48

7 検索結果が表示されるので、名前とアイコン画像を確認し、

8 間違いがなければ<追加>をタップします。

9 P.36手順**1**を参考に「ホーム」画面を表示すると、「友だち」欄に追加した友だちが表示されます。

Memo ID検索を許可したユーザーが対象

電話番号による検索は、IDによる検索を許可しているユーザーのみが対象です。また、電話番号での検索も、検索する側とされる側の双方が年齢確認（Sec.10参照）を済ませておく必要があります。

Section

12

連絡先から 友だちを追加しよう

iPhoneの連絡先に登録している友だちを自動的に LINEの友だちに追加する機能があります。これを 利用して、効率よくLINEの友だちを増やしましょう。

お役立ち度
★★★

友だちを追加しよう

1 <ホーム>をタップして 「ホーム」画面を表示し、

2 ⚙ をタップして、

	ホーム	△ 🔏
	かおる	Keep
🖂	グループ	
🖂	友だち 2	

あなたにおすすめのスタンプ もっと見る

A.T.フィールド
全開!!
エヴァンゲ リオン マ…   ゆるっと動 く！カナ…   しろまるの ONE PIE…   初めま 松尾で

ホーム   トーク   タイムライン   ニュース   ウォレット

3 <友だち>をタップしたら、

設定	✕
🔊 通知	オン >
🖼 写真と動画	>
💬 トーク	>
📞 通話	>
📞 LINE Out	>
👥 友だち	>
🕐 タイムライン	>

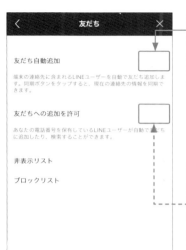

4 「友だち自動追加」の　　を
タップします。

本書ではP.25で有効にしています。

「友だちへの追加を許可」の
　　をタップして　　にすると、
自分の電話番号を知っている
LINEユーザーが自動で友だち
に追加したり検索したりできる
ようになります（Sec.11参照）。

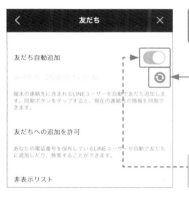

5 手動で更新する場合は、◎
をタップします。

無効にするには、　　をタップ
して　　にします。

Memo 連絡先から登録できる友だち

「友だち自動追加」は、iPhoneの連絡先に登録されている電話番号で
LINEを利用しているユーザーを自動で検索して追加する仕様になって
います。ただし、相手が「友だちへの追加を許可」を有効にしている
場合に限り、「友だち自動追加」が実行されます。そのため、連絡先
に登録されていても追加できないユーザーもいます。そのようなときは、
QRコード（Sec.08参照）を利用するとよいでしょう。

Section

13

「知り合いかも?」から 友だちを追加しよう

お役立ち度
★★★

「知り合いかも?」に友だちが表示されたら、名前や アイコンを確認し、心当たりがあれば追加しましょう。 知らない人であれば、追加しないほうが安全です。

1 <ホーム>をタップして 「ホーム」画面を表示し、

2 &をタップして、

3 「新しい知り合いかも?」 欄に表示されている友だち をタップします。

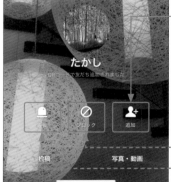

4 <追加>をタップすると、 友だちに追加されます。

<ブロック>をタップすると相 手をブロックします(Sec.57 参照)。

<通報>をタップすると、LINE 運営側に通報できます。

第**3**章

トークを楽しもう

Section 14

トークでは何ができる?

お役立ち度
★★★

LINEの基本となるメッセージをやり取りする機能が「トーク」です。LINEをインストールしたら、まずは友だちや家族と楽しいトークを始めましょう。

気軽さで人気の「トーク」

LINE は、不特定多数との交流が基本の SNS に対して、仲のよい友だちや特定のグループでの会話を楽しめるメッセンジャーアプリです。短い文章をかんたんに送れるため、チャットのように友だちとコミュニケーションを取ることができます。また、複数のメンバーとのコミュニケーションがスムーズに行える点も、LINE の魅力といえるでしょう。気のおけない友だちや家族とのおしゃべり、電話をかけるまでもないちょっとした連絡に最適なツールといえます。メールのようにいちいち宛先や件名を入力する必要はありません。昨日のおしゃべりの続きをすぐに始められます。

トークをもっと楽しむために

文字ばかりのやり取りでは味気ない
トークになってしまいますが、LINE に
はさまざまなスタンプが用意されていま
す。あらかじめ用意されている LINE
スタンプのほかに、スタンプショップで
は人気キャラクターやおもしろスタンプ
などが豊富に用意されています。有
料のものが多いですが、条件付きで
無料ダウンロードできるものもありま
す。言葉で表現しにくい感情を表し
やすく、印象的な受け答えができるた
め、人気を集めています。

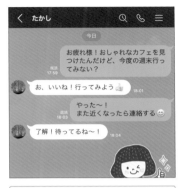

スタンプショップでは、有料や
無料のスタンプが豊富に用意さ
れています。

トークで送れるもの

トークの基本はテキストでのメッセージ
ですが、スタンプのほかに、写真や動
画などもメール感覚で送信できます。
トークでは、友だちの連絡先をかんた
んに共有できる「連絡先」や、今い
る場所や指定した場所の情報を気軽
に送信できる「位置情報」といった
便利な機能があります。さらに、
「Keep」では、メッセージや写真・
動画の保管などができるため、受信
した大切な写真やファイルのバック
アップとしても活用できます。

テキストだけでなく、スタンプ
や写真、動画、連絡先、位置情
報などを送信できます。

Section 15

メッセージを送ろう

トークでは、メールより手軽にリアルタイムでのやり取りができます。まずは、仲のよい友だちや家族とトークを始めてみましょう。

1 <トーク>をタップし、

2 🖼をタップします。

🔍 Hint 2回目以降のトークの始め方

2回目以降は、手順1のあとにトークをしたい友だちのトークルームをタップしましょう。

3 <トーク>をタップします。

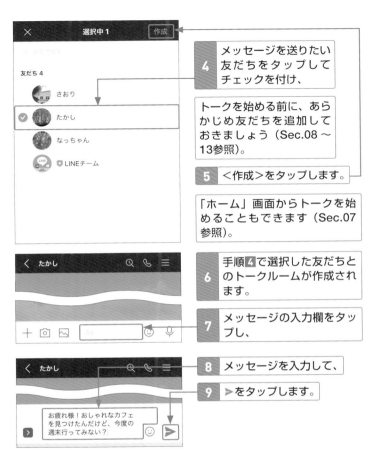

メッセージを送りたい友だちをタップしてチェックを付け、

トークを始める前に、あらかじめ友だちを追加しておきましょう（Sec.08 ～ 13参照）。

5 <作成>をタップします。

「ホーム」画面からトークを始めることもできます（Sec.07参照）。

6 手順4で選択した友だちとのトークルームが作成されます。

7 メッセージの入力欄をタップし、

8 メッセージを入力して、

9 ▶をタップします。

10 メッセージが送信されます。自分が送信したメッセージが画面の右寄りに表示されます。

メッセージの左下には、送信した時間が表示されます。

11 をタップするか、画面を右方向にスワイプすると、「トーク」画面に戻ります。

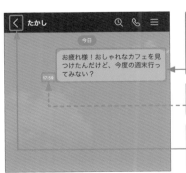

Section

16

第3章 トークを楽しもう

受信したメッセージ に返信しよう

お役立ち度
★★★

メッセージを受信したら、相手に返信メッセージを送信しましょう。LINEでは、未読メッセージがあると、アイコンに未読の数だけ数字が表示されます。

3 トークを楽しもう

1 メッセージを受信すると、通知が表示されます。

2 <トーク>をタップし、

Memo 通知が来たら

メッセージを受信すると、バナーが表示されます。タップするとメッセージを確認できます。

3 通知が表示されているトークルームをタップします。

Memo バッジの数字

①や①の中の数字は、未読件数を表しています。メッセージを読むと、相手側のトークルームには「既読」と表示されます。

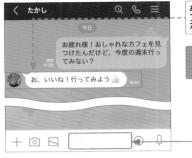

受信した新しいメッセージが表示されます。

4 返信するには、メッセージの入力欄をタップします。

5 メッセージを入力して、

6 ▶をタップすると、

7 返信メッセージが送信されます。

Memo ロック画面からメッセージを確認する

ロック画面でLINEの通知をタップし、<開く>をタップすることでも受信メッセージを確認できます。

3
トークを楽しもう

多人数で トークしよう

トークでは、1対1だけでなく、複数の友だちと会話を楽しむことができます。複数の人に同じ用件を伝えたい場合などに便利です。

お役立ち度
☆☆☆

1 <トーク>をタップして「トーク」画面を表示し、

2 🖼をタップします。

3 <トーク>をタップし、

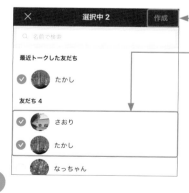

トークに招待したい友だちをタップしてチェックを付けて、

5 <作成>をタップします。

3 トークを楽しもう

6	新しいトークルームが作成され、P.60手順4でチェックを付けた複数の友だちとトークできるようになります。

それぞれ別々の名前とアイコンが表示されています。

Memo 既読

メッセージの送信時間の上に表示される「既読」は、相手がトークルームを開いてメッセージを読んだことを表しています。既読を付けない方法は、Sec.56を参照してください。

Memo 複数の友だちとのトークルームからできること

トークの途中でほかの友だちを呼びたいときは、トークルーム右上の≡をタップし、<招待>をタップします。なお、途中から参加したメンバーは、参加する前のトーク内容を見ることができません。また、複数人でトークするための機能にグループ（Sec.32参照）があります。トークルーム右上の≡をタップし、<メンバー>→<グループを作成>の順にタップすると、トーク内容を残したままの状態でグループを作成できます。

Section

18

スタンプを送ろう

お役立ち度
★★★

トークを盛り上げるのに役立つスタンプを友だちに送信しましょう。テキストだけでは伝えきれない気分やユーモアが表現でき、トークがより楽しくなります。

3

トークを楽しもう

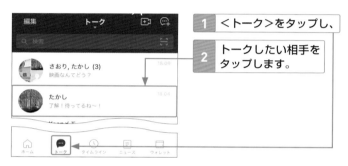

1 <トーク>をタップし、

2 トークしたい相手をタップします。

3 トークルームが開きます。

4 ☺をタップし、

Memo スタンプを入手する

スタンプは無料で入手する方法（Sec.38参照）と、購入する方法（Sec.40参照）があります。

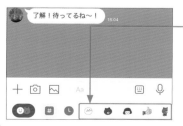

5 使用したいスタンプセットのアイコンをタップします。

「利用可能なスタンプがあります。ダウンロードしますか？」と表示された場合は、<ダウンロード>をタップします。

6 P.62手順5で選択したスタンプセットのスタンプが一覧で表示されます。

7 上下にスワイプして、

8 送信したいスタンプをタップします。

9 大きくプレビュー表示されたスタンプをもう一度タップすると、

「スタンプのプレビュー機能を追加！」と表示された場合は、＜OK＞をタップします。

10 スタンプが送信されます。

Step Up スタンプを選び直す

手順8で選択したスタンプを選び直したいときは、ほかのスタンプまたはプレビュー画面右上の×をタップします。スタンプを送るのをやめたいときは、トークルームの背景をタップします。

Section 19

絵文字を入れよう

お役立ち度
★★★

LINEでは、メッセージに絵文字を添えることもできます。また、絵文字だけを単体で送信すれば、スタンプのような使い方もできます。

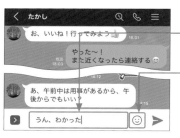

1	P.62手順 1～2 を参考にトークルームを開き、メッセージを入力して、
2	☺をタップします。

3	●をタップして絵文字に切り替え、

4	使用したい絵文字セットのアイコンをタップします。

Hint　オリジナルの絵文字

ここではLINE特有の絵文字を入力しています。ほかのアプリでも使える絵文字は、iPhoneのキーボードから入力します。

3

トークを楽しもう

やった〜！また近くなったら連絡する😊	**5** P.64手順4で選択した絵文字セットの絵文字が一覧で表示されます。
了解！待ってるね〜！ 18:04	**6** 上下にスワイプして、
	7 メッセージに入れたい絵文字をタップし、
あ、午前中は用事があるから、午後からでもいい？ 18:16	選択した絵文字がメッセージ内に挿入されます。
うん、わかった😊	**8** ▶をタップすると、

了解！待ってるね〜！ 18:04	**9** 絵文字が入ったメッセージが送信されます。
あ、午前中は用事があるから、午後からでもいい？ 18:15	
うん、わかった😊 18:17	

3
トークを楽しもう

Step Up 絵文字を単体で送信する

メッセージの入力欄に絵文字だけを入力して送信すると、スタンプのように絵文字が大きく表示されます。

あ、午前中は用事があるから、午後からでもいい？ 18:15

うん、わかった😊 18:17

絵文字が大きく表示されます。 - - - ▶ 😊 18:17

第3章 トークを楽しもう

位置情報を友だちに送ろう

自分が今いる場所や特定の場所の情報をメッセージで送ることができます。待ち合わせなどに活用したい機能です。

お役立ち度
☆☆☆

3 トークを楽しもう

| 1 | P.62手順 1 ～ 2 を参考にトークルームを開いて＋をタップし、 |
| 2 | ＜位置情報＞をタップします。 |

3	現在自分がいる場所が表示されます。現在地を送信したい場合は、P.67手順 8 へ進んでください。
4	現在地ではない任意の場所を送信したい場合は、入力欄をタップしてその場所の名前を入力し、
5	候補から任意の場所（ここでは＜東京ドーム＞）をタップします。

6 検索結果が表示されます。

7 画面を上下左右にドラッグして位置を調節し（ピンチイン/ピンチアウトで拡大/縮小します）、

8 ＜この位置を送信＞をタップすると、

9 位置情報が送信されます。送信された位置情報をタップすると、地図が開いて場所を確認できます。

Hint 現在地が表示されない

位置情報の設定は、ホーム画面で＜設定＞→＜プライバシー＞→＜位置情報サービス＞の順にタップして確認できます。ここで設定がオフになっていると、P.66手順**3**の画面に現在地が表示されません。なお、位置情報はアプリごとに設定することもできます。

写真を友だちに送ろう

お役立ち度
★★★

スタンプや絵文字だけでなく、写真もメッセージとして送ることができます。 お気に入りの写真を友だちに送ってみましょう。

3

トークを楽しもう

iPhone に保存した写真を送る

1 P.62手順 **1** 〜 **2** を参考にトークルームを開いて ⊠ をタップし、

2 サムネイル部分を上方向にスワイプします。

すでに送りたい写真が見えている場合は、スワイプせずにP.69手順 **3** に進んでも問題ありません。

3 送りたい写真右上の◯を タップします。複数の写 真をまとめて選択するこ ともできます。

4 ▶をタップすると、

5 写真の送信が始まり、しば らく経つと送信が完了しま す。

📝
Memo 動画を送る

友だちに動画を送りたい場合 は、Sec.24を参照してくださ い。

📝
Memo 写真を加工する

手順**3**の画面で写真をタップすると、 フィルター効果を追加したり回転させ たりするなどの編集が行えます。ま た、手順**3**の画面で、画面左下の <ORIGINAL>をタップすると、選択し た写真をオリジナル解像度で送信する ことができます。

その場で撮影した写真を送る

1 P.62手順 1〜 2 を参考に
トークルームを開き、⊡を
タップします。

2 ◯をタップして写真を撮
影します。

カメラ画面からトークルーム
に戻りたい場合は、画面左上
の⊠をタップします。

⊜をタップすると、前面のカ
メラに切り替わります。

3 をタップすると、

写真の回転やサイズの変更が行えます。

スタンプや絵文字を追加できます。

テキストを入力できます。

手書き入力できます。

モザイクやぼかしをかけられます。

フィルター効果を加えられます。

テキストがある場合に検出します。

4 写真が送信されます。

Step Up LINEのカメラ機能

P.70手順 2 で、画面左下の をタップすると、エフェクトを加えられます。また、画面下部を左右にスワイプすると、写真や動画など、撮影方法を切り替えられます。

写真や動画を 保存しよう

お役立ち度
⭐⭐⭐

友だちから送られてきた写真や動画は、本体に保存することができます。なお、保存した写真や動画は、「写真」アプリに保存されます。

1 P.62手順 1 〜 2 を参考に トークルームを開き、保存 したい写真をタップします。

2 ⬇をタップすると、 本体に保存されます。

動画も写真と同じ手順で 保存できます。

凸をタップすると、ほかの トークに送信したり、Keep に保存（Sec.48参照）した りできます。

🗑をタップすると、写真を削除 できます。

3 ホーム画面で<写真>を
タップします。

動画を保存した場合も<写真>
をタップします。

最近の項目

4 <アルバム>をタップし、
<最近の項目>をタップす
ると、

5 P.72手順2で保存した
写真を確認できます。

8枚の写真
アップロードが完了しました

ライブラリ　　For You　　アルバム　　検索

Section

23

アルバムで写真を送ろう

お役立ち度
★★☆

「アルバム」機能を利用すれば、複数の写真をアルバムにして送ることができます。旅行などの写真をまとめて送りたいときに便利です。

3

トークを楽しもう

<	さおり	
🔊 通知オフ	🧑 招待	⊘ ブロック
🎵 BGM		BGMを設定しよ… >
🖼 写真・動画		>
🖼		
🗂 アルバム		>

大切な写真はアルバムを作成してシェアしよう。
アルバム作成

1 P.62手順1~2を参考にトークルームを開き、☰をタップして<アルバム作成>をタップします。

すでにアルバムを相手と共有している場合は、手順1の画面で<アルバム>→●の順にタップします。

3件選択中 ▲   次へ

2 アルバムにしたい写真の●をタップしてチェックを付け、

3 <次へ>をタップします。

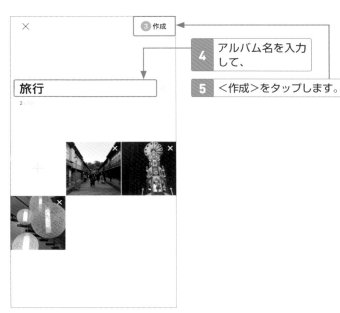

3 アルバム名を入力
して、

4 アルバム名を入力
して、

5 <作成>をタップします。

旅行

6 アルバムが作成されます。

さおり

ノート **アルバム** 写真・動画 リンク フ

旅行
3

アルバムを作成すると、トークに
通知されます。

Section 24

動画を友だちに送ろう

トークには、写真のほかに動画を送ることもできます。なお、送れる動画の再生時間には最大5分までと制限があるので注意しましょう。

iPhoneに保存した動画を送る

1 P.62手順 1 ～ 2 を参考にトークルームを開いて ⊠ をタップし、

2 サムネイル部分を上方向にスワイプします。

すでに送りたい動画が見えている場合は、スワイプせずにP.77手順 3 に進んでも問題ありません。

| 3 | 送りたい動画右上のを
タップして、 |

動画はサムネイル右下に再生時間が表示されています。

| 4 | ＞をタップすると、 |

1件選択中

| 5 | 動画の送信が始まり、しばらく経つと送信が完了します。 |

Hint 動画を保存する

動画を保存したい場合は、再生画面でをタップします（Sec. 22参照）。

Memo 動画を編集する

手順3の画面で動画をタップし、◎をタップすると、動画の長さを変更したり、音をなくしたりするなどの編集ができます。

その場で撮影した動画を送る

1 P.77手順5の画面で◎をタップします。

2 <動画>をタップし、

3 ◎をタップします。

◎をタップすると、前面と背面のカメラを切り替えることができます。

4 動画の撮影が始まり、撮影時間が表示されます。

Ⅱをタップすると、動画が一時停止します。

5 ◎をタップして動画の撮影を終了し、▷をタップすると、動画が送信されます。

第4章

無料通話を
楽しもう

無料通話では 何ができる?

LINEでのコミュニケーションは、文字によるトークだけではありません。音声通話やビデオ通話を無料で利用することができます。

友だちと無料で通話できる

文字でメッセージを送り合うトークは楽しいものですが、直接話したほうが早い要件や、待ち合わせ時の連絡など、通話を利用したいという場面もあるでしょう。そこで活用したいのが LINE の「無料通話」です。相互に友だち登録している相手であれば、いつでも無料で通話できます。1対1での通話だけでなく、複数人でのおしゃべりもできるのが無料通話の大きな特徴です。この章では、トークから無料通話への切り替えや、ビデオ通話を利用する方法などをたっぷり紹介します。

LINEの無料通話であれば、電話料金を気にすることなく利用できるので、気軽に友だちとおしゃべりを楽しむことができます。

ビデオ通話も電話料金をかけることなく気軽に利用することができます。遠方の友だちとのコミュニケーションに最適です。

無料通話のしくみ

iPhone で友だちと通話できる LINE の「無料通話」は、なぜ通話料がかからないのでしょうか？ それは、通常 iPhone や固定電話が電話回線を使って通話しているのに対して、LINE の「無料通話」はインターネット回線を使って通話を実現しているからです。 ただし、インターネットに接続するためのパケット通信料が無料になるわけではないので、 従量課金制や従量制限制のデータ通信を使っている人は注意しましょう。 なお、 無料通話以外にも、「LINE Out」 という通話機能が用意されています。 利用には有料のコールクレジットなどが必要になりますが、 携帯電話や固定電話にも電話をかけることができます。

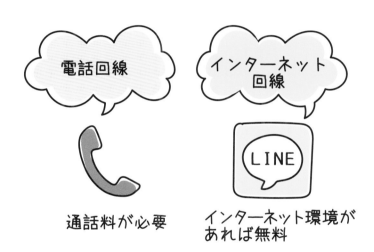

iPhoneや固定電話が電話回線を利用しているのに対し、LINEの無料通話はインターネット回線を利用しています。

通話は電波が安定した場所で

LINE の無料通話は、 インターネット環境があれば利用することができますが、 移動中や電波が制限される建物の中、混雑した通信環境など、 場所によっては安定した通話ができないことがあります。 会話が途切れたり、 音声が不明瞭になったりするなどの事態を避けるためには、 Wi-Fi 接続が可能な自宅など、 インターネットでの通信が安定した場所を選ぶことも大切です。 電波が安定した環境で、 ストレスのない通話を楽しみましょう。

Section

26

無料で電話を
かけよう

お役立ち度
★★★

文字によるトークでも楽しい会話ができますが、
LINEでは、24時間いつでもどこでも音声通話や
ビデオ通話を無料で利用することができます。

4
無料通話を楽しもう

1 <ホーム>をタップして
「ホーム」画面を表示し、

2 通話したい友だちを
タップして、

3 <音声通話>をタップしま
す。

マイクへのアクセスを求
められたら、<OK >を
タップします。

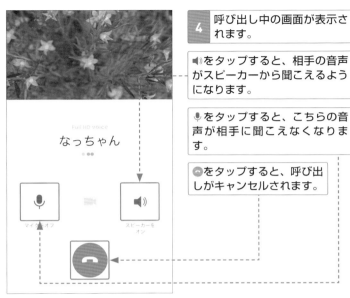

4 呼び出し中の画面が表示されます。

◀》をタップすると、相手の音声がスピーカーから聞こえるようになります。

🎤をタップすると、こちらの音声が相手に聞こえなくなります。

📞をタップすると、呼び出しがキャンセルされます。

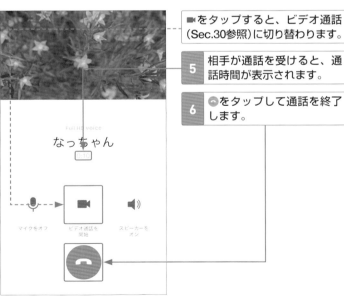

■◀をタップすると、ビデオ通話（Sec.30参照）に切り替わります。

5 相手が通話を受けると、通話時間が表示されます。

6 📞をタップして通話を終了します。

Section 27

友だちからの着信に出よう

友だちからいつ無料通話がかかってきてもいいように、応答する方法を覚えておきましょう。出られない場合は拒否することもできます。

お役立ち度
★★★

1 iPhoneを使っているときに友だちから着信があったときは、●をタップして通話を開始します。

Memo 通話を拒否する

通話できない状況にある場合は、⊗をタップすると、呼び出しが止まります。

2 通話を開始すると、通話時間が表示されます。

3 ●をタップして通話を終了します。

のうがたい
じゃ12時に待ち合わせよう！
場所は駒込駅でいいかな？ 10:15

わかった！楽しみ 10:16

11:39

11:47 0:13

0:08 11:48

➕ 📷 🖼 ☺ 🎤

4 通話の履歴はトークルームに残ります。不在着信もここで確認できます。

Memo Wi-Fi接続での利用がお得

無料通話はインターネット回線を利用するので、通信制限のない自宅のWi-Fiなどを使うと、通信量を気にせずに通話が楽しめます。

Memo 着信履歴の種類

手順**4**のように、通話をするとトークに通話履歴が表示されますが、そのほかにも「不在着信」「キャンセル」「応答なし」の3パターンが表示されるケースがあります。

❶	不在着信	・相手から着信があったが、出る前に相手が発信を切った場合 ・相手から着信があったが、一定時間出なかった場合
❷	キャンセル	・相手が出る前に自分から通話を切った場合
❸	応答なし	・自分がかけた通話を相手が強制的に切った場合（拒否） ・一定時間経っても相手が出なかった場合

Step Up ボイスメッセージを送る

「ボイス」機能を利用すれば、留守番電話のように相手にメッセージを送ることができます。手順**4**の画面で🎤をタップし、🎤をタッチしたまま録音します。指を離すと録音が終了し、相手に送信されます。

0:13

0:08 11:48

▶ 0:10

➕ 📷 🖼 ☺ 🎤

Section 28

スリープ時の着信に出よう

お役立ち度
★★★

通常の電話と同じように、LINEの無料通話ではiPhoneがスリープ中であっても、着信があると優先的に呼び出し画面が表示されます。

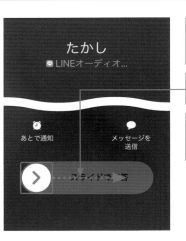

iPhoneを使っていないときでも、着信があると呼び出し画面が表示されます。

1 > を右方向にスライドして通話を開始します。

通話に応答できない場合は、<あとで通知>をタップします。

2 ⊗をタップして通話を終了します。

3 着信前の画面（ここでは
ロック画面）に戻ります。

無料通話を楽しもう

 Hint スリープ時の不在着信を確認する

iPhoneを使っていないときにかかってきた無料通話は、ロック画面で
確認できます。ロック画面で通知をタップして＜開く＞をタップすると、
該当するトークルームが表示されます。＜不在着信＞→＜音声通話＞
の順にタップすると、折り返し無料通話をかけることができます。

タップ

タップ

87

Section

29

トークを無料通話に切り替えよう

トーク中に直接会話がしたくなったら、無料通話に切り替えてみましょう。相手が通話できる状況か確認してから行うのがマナーです。

お役立ち度
★★★

1	通話したい相手のトークルームで📞をタップし、

2	<音声通話>をタップします。

Step Up ビデオ通話に切り替える

LINEではビデオ通話も利用できます（Sec.30参照）。手順 2 で<ビデオ通話>をタップすると、ビデオ通話に切り替えることができます。

4
無料通話を楽しもう

3 呼び出し中の画面が表示されます。

たかし

🔍 **Hint** 通話時の操作

相手の音声をスピーカーで聞きたい場合は◀》を、こちらの音声を消音にしたい場合は🎤をタップします（Sec.26参照）。

4 相手が呼び出しに応じると、通話時間が表示されます。

5 をタップして通話を終了します。

Full HD voice

たかし

マイクをオフ　ビデオ通話を開始　スピーカーをオン

4 無料通話を楽しもう

Section

30 ビデオ通話をしよう

お役立ち度
★★★

LINEでは、ビデオ通話も利用できます。家庭など のWi-Fiを利用すれば、データ通信量を気にせず ビデオ通話を楽しめます。

4

無料通話を楽しもう

1 ＜ホーム＞をタップして 「ホーム」画面を表示し、

2 ビデオ通話をしたい 友だちをタップして、

3 ＜ビデオ通話＞をタップし ます。

データ通信量に Memo 注意

ビデオ通話は多くのデータ通信 量を必要とするので、Wi-Fi接 続時以外の使いすぎには気を 付けましょう。

4 呼び出し中の画面が表示されます。

●をタップすると、呼び出しがキャンセルされます。

5 相手がビデオ通話に応答すると、画面に相手の顔が表示されます。

◎をタップすると、外側のカメラに切り替わります。

◉をタップすると、エフェクト機能を利用できます。

◼をタップすると、顔を使ったゲームができます。

6 ●をタップしてビデオ通話を終了します。

◼をタップすると、こちら側のカメラをオフにできます。

P.83参照。

ビデオ通話を
受けよう

お役立ち度
★★★

友だちからビデオ通話を受信したら、応答してみましょう。iPhoneがスリープ中であっても、応答して通話することができます。

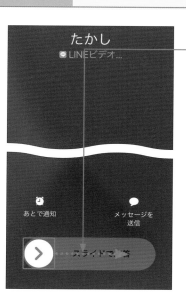

1 スリープ中にビデオ通話を受けたら、 > を右方向にスライドします。

iPhoneを使っているときに着信を受けた場合は、 ✓をタップします。

ビデオ通話に応答できない場合は、<あとで通知>をタップします。

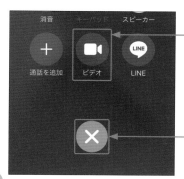

2 <ビデオ>をタップして、ビデオ通話に切り替えます。

3 ❌をタップしてビデオ通話を終了すると、着信前の画面に戻ります。

第**5**章

グループを
活用しよう

Section 32

グループでは何ができる?

LINEでは、1対1のトークだけでなく、複数人でコミュニケーションを取ることができます。仲のよい友だちだけのグループを作成して、会話を楽しみましょう。

お役立ち度
⭐⭐⭐

複数の友だちと交流できる

LINE は 1 対 1 のやり取りだけでなく、複数のメンバーと交流できる「グループ」機能を備えており、文字やスタンプ、写真などを送信してコミュニケーションを取ることができます。グループのトークは、グループ内のメンバー全員が見られるようになっているので、待ち合わせの連絡をしたり、旅行の計画を立てたりするときに活用するとよいでしょう。また、グループで音声通話やビデオ通話を利用すれば、グループのメンバーとリアルタイムに会話を楽しめます。グループはいくつも作成することができるので、仲のよい友だちどうしとのグループや家族とのグループ、会社の同僚とのグループなど、メンバーによって使い分けが可能です。なお、グループに招待できる人数は、1 グループあたり最大 500 人(本人は除く)までです (2020 年 10 月現在)。

旅行　同僚　家族　同窓会

グループトークと複数人トークの違い

グループを作成しなくても複数のメンバーと交流することはできますが、複数人でのトークは、アルバムの作成やノートの共有、ほかのメンバーの退会などができません。そのため、複数人でのトークは一時的なトークルームとして利用されることが多いでしょう。グループのほうが、より多くの機能を使うことができます。

● グループトークと複数人トークの違い

	グループトーク	複数人トーク
トーク	○	○
アルバム	○	×
ノート	○	×
音声通話	○	○
ビデオ通話	○	○
ほかのメンバーの退会	○	×

グループはみんなで管理

LINE のグループには、グループを作成した人と招待された人に区別はありません。そのため、グループのメンバーであれば、グループのアイコンやグループ名を変更したり、新しいメンバーを招待したり、退会させたりすることができるようになっています。また、グループへの参加や退会、グループに関する挙動などは、グループのトークルームにすべて通知されるようになっているので、安全に活用することを心がけるとよいでしょう。

グループを作ろう

お役立ち度
★★★

グループでは、仲のよい友だちや同僚、家族など、特定のメンバー間でのトークができます。また、ノートやアルバムといった機能も利用できます。

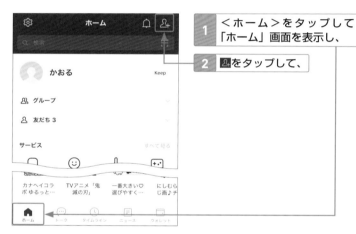

1 <ホーム>をタップして「ホーム」画面を表示し、

2 🙎をタップして、

3 <グループ作成>をタップします。

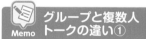

Memo グループと複数人トークの違い①

グループは「ホーム」画面に表示されますが、複数人でのトーク（Sec.17参照）は表示されません。

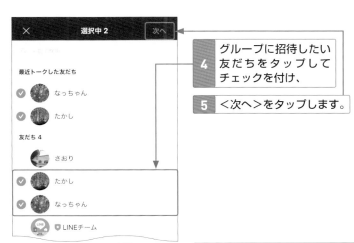

最近トークした友だち

なっちゃん

たかし

友だち 4

さおり

たかし

なっちゃん

LINEチーム

4　グループに招待したい友だちをタップしてチェックを付け、

5　＜次へ＞をタップします。

選択した友だちのアイコンが表示されます。アイコンをタップすると、選択を取り消すことができます。

プロフィールを設定　　作成

ぶらり散歩

メンバー

＋
追加　　かおる　　なっちゃん　　たかし

6　「プロフィールを設定」画面が表示されるので、＜グループ名＞をタップしてグループの名前を入力し、

7　＜作成＞をタップします。

 Memo　グループのアイコンを設定する

グループのアイコンを設定したい場合は、画面左上のアイコンをタップします。アイコンはあとから変更することもできます（P.99Hint参照）。

5　グループを活用しよう

ぶらり散歩

トーク　ノート　アルバム

8 グループが作成されます。

📝 Memo グループと複数人トークの違い②

グループは複数人でのトークと異なり、グループ名やアイコン画像の設定など、さまざまな設定ができます。

📝 Memo お気に入りに追加する

Sec.07のときと同様に、☆をタップすると、グループをお気に入りに追加できます。お気に入りに追加すると、「ホーム」画面の「お気に入り」欄に表示されます。

🔍 Hint 「ホーム」画面からグループを作成する

「ホーム」画面を表示し、<グループ>→<グループ作成>の順にタップすることでもグループを作成できます。

5 グループを活用しよう

作成したグループは「ホーム」画面の「グループ」欄に表示されます。

Memo メンバーの参加

招待したメンバーのもとには、グループに招待された旨が通知されます。通知を受け取ったメンバーが「参加」を表明するまでは保留扱いになります（Sec.35参照）。

Hint グループの設定を変更する

グループの設定を変更したいときは、「ホーム」画面で設定を変更したいグループをタップし、画面右上の⚙をタップします。アイコン画像をタップして＜写真を撮る＞または＜写真を選択＞をタップすると、グループのアイコンが変更されます。グループ名をタップすると、グループ名を変更できます。＜メンバーリスト・招待＞をタップすると、メンバーの追加や編集が行えます。

5 グループを活用しよう

友だちをグループに招待しよう

自分が参加しているグループに友だちを招待できます。友だちを招待してよいか、ほかのメンバーにあらかじめ確認しておきましょう。

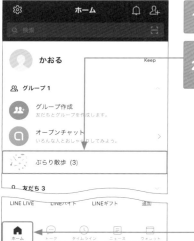

1 ＜ホーム＞をタップして「ホーム」画面を表示し、

2 友だちを招待したいグループをタップして、

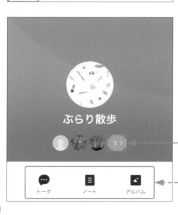

3 をタップします。

この画面からトークやノート、アルバムを利用することもできます。

Step Up
メンバーを編集する

画面右上の<編集>をタップ
すると、メンバーの削除や招
待のキャンセルを行うことがで
きます。編集が終わったら<完
了>をタップしましょう。

5 グループに招待した
い友だちをタップし
てチェックを付けて、

6 <招待>をタップすると、

7 「招待中」の欄に招待した
友だちが表示されます。

8 友だちには招待メッセージ
が送られ、<参加>をタッ
プするとグループのメン
バーになります。

5

グループを活用しよう

101

招待された グループに参加しよう

お役立ち度
★★★

グループに招待されると、友だちリストに「招待され ているグループ」というカテゴリが追加されます。参 加を表明して、グループに仲間入りしましょう。

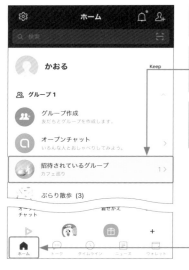

1 <ホーム>をタップして 「ホーム」画面を表示し、

2 <招待されてい るグループ>を タップして、

3 招待されている グループをタッ プします。

4 <参加>をタップします。

<拒否>をタップしても、グ ループのメンバーには通知され ません。

■をタップすると、グループの メンバーを確認できます。

5

グループを活用しよう

| 5 | グループへの参加が完了します。 |

| 6 | <グループを見る>をタップすると、 |

| 7 | グループのトークルームが表示されます。 |

参加するとメッセージが表示されます。

Memo 「トーク」画面からグループに参加する

グループに招待されると、「トーク」画面にも通知が表示されます。「トーク」画面で通知をタップし、<参加>をタップして参加することも可能です。

Section 36

グループトークに メッセージを送ろう

グループを作ったら、グループ内でトークを始めて みましょう。送信したメッセージやスタンプは、グルー プメンバー全員が閲覧できます。

お役立ち度
★★★

1 <トーク>をタップして 「トーク」画面を表示し、

2 トークしたいグルー プをタップすると、

3 グループ用のトークルーム が表示されます。

4 メッセージの入力欄をタッ プします。

Memo グループトークの 通知

グループトークでメッセージを受 信すると、通常のトークのように 「トーク」画面に通知されます。

5 メッセージを入力し、

6 ➤をタップすると、

📊 **Step Up** グループ通話

画面右上の📞をタップし、<音声通話>をタップすると、グループ音声通話を利用できます。<ビデオ通話>をタップすると、グループビデオ通話を利用できます。<Live>をタップすると、ライブ配信することができます。

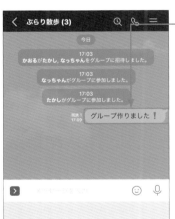

7 メッセージが送信されます。

送信したメッセージは、グループに参加中のメンバー全員が閲覧できます。

 アルバムやノートを共有する
Memo

グループでもトークと同じように、アルバムやノートを共有することができます。詳しくは、Sec.23、Sec.47を参照してください。

5

グループを活用しよう

グループから
退会しよう

お役立ち度
★★★

参加しているグループをやめたくなったときは、いつでも退会できます。グループを退会すると、グループトークの画面に通知されます。

5

グループを活用しよう

	1 P.104手順 **1**〜**2**を参考に退会したいグループのトークルームを表示し、画面右上の☰をタップします。

2 <退会>をタップすると、

3 確認のメッセージが表示されます。

4 内容を確認して<退会>をタップします。

5 退会したグループの履歴がすべて削除され、グループトークに自分が退会したことが表示されます。

第 **6** 章

LINEをもっと
使いこなそう

Section 38

無料でスタンプを 入手しよう

LINEでは、友だち追加などの条件をクリアすることでダウンロードできる無料スタンプが豊富に用意されています。ダウンロードしてトークで使ってみましょう。

お役立ち度
★★★

6 LINEをもっと使いこなそう

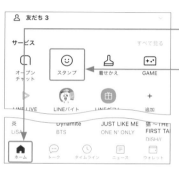

1 <ホーム>をタップして「ホーム」画面を表示し、

2 <スタンプ>をタップします。

3 <イベント>をタップして、

4 ダウンロードしたいスタンプをタップします。

5 <友だち追加>をタップして、

条件が友だち追加以外の場合は、<詳細を確認>をタップし、画面の指示に従って操作しましょう。

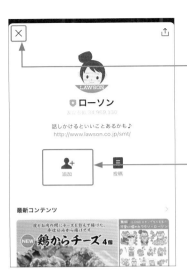

6 <追加>をタップします。

7 画面左上の×をタップして画面を閉じ、

8 <ダウンロード>をタップすると、ダウンロードが始まります。

「メールアドレス登録」画面が表示されたら、<あとで>または<登録する>をタップします。

9 「ダウンロード完了」と表示されたら、<OK>をタップします。

10 <確認>をタップすると、ダウンロードしたスタンプを確認できます。

追加した公式アカウントから、メッセージが届くこともあります。

コインをチャージしよう

LINEでは、スタンプなどの有料サービスの支払いに「コイン」を利用します。スタンプを購入する前に、コインをチャージしておきましょう。

6

LINEをもっと使いこなそう

設定	×
😊 スタンプ	>
▲ 着せかえ	>
🪙 コイン	>

1 P.50手順 1 ～ 2 を参考に「設定」画面を表示して<コイン>をタップし、

<	コイン	チャージ
保有コイン: 🪙 0		

・購入したコイン 0 およびボーナスコイン 0 含む。
・LINEポイントから変換できるボーナスコイン 0 含む。?
・このコインはiOSのLINEでのみご利用になれます。?

2 <チャージ>をタップして、

チャージやコインの使用履歴は、この画面からいつでも確認できます。

<	コインチャージ	×
保有コイン: 🪙 0		

・購入したコイン 0 およびボーナスコイン 0 含む。
・LINEポイントから変換できるボーナスコイン 0 含む。?
・このコインはiOSのLINEでのみご利用になれます。?
・購入するコイン数によって1コインの単価が異なるので、購入の際は必ずご確認ください。

🪙 50 (+0)	¥120
🪙 100 (+0)	¥250
🪙 150 (+0)	¥370
🪙 200 (+0)	¥490
🪙 500 (+100)	¥980

3 チャージするコインの金額をタップします。

Step Up　LINEポイント

LINEポイントは、「ウォレット」画面で<ポイントクラブ>をタップし、動画の視聴やサービスの登録などを行うことでもらえるポイントです。集めたポイントは、コインなどと交換することができます。

あらかじめApp Storeでの支払い方法を設定しておきましょう。

4 <支払い>をタップします。

5 Apple IDのパスワードを入力して、

Touch IDやFace IDも利用できます（P.20参照）。

6 <サインイン>をタップします。

7 「完了しました。」と表示されるので、<OK>をタップします。

8 チャージが完了し、「保有コイン」にチャージした分のコインが表示されます。

Memo iOSでのみ利用可能

ここで購入したコインは、iPhoneなどのiOS端末でLINEを使用するときのみ利用および引き継ぎができます。

Section

40

お役立ち度
★★★

第6章 LINEをもっと使いこなそう

有料スタンプを購入しよう

コインをチャージしたら、さっそくスタンプを購入しましょう。有料スタンプには、有名な漫画やアニメの作品などが多く揃っています。

6

LINEをもっと使いこなそう

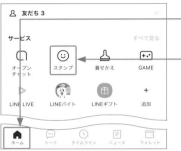

1	<ホーム>をタップして「ホーム」画面を表示し、
2	<スタンプ>をタップすると、

3	「スタンプショップ」画面が表示され、さまざまなスタンプを見ることができます。
4	購入したいスタンプをタップします。

Hint スタンプを検索する

画面上部の検索フィールドから検索することができます。

112

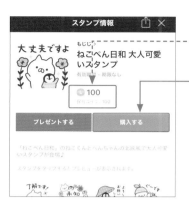

支払いに必要なコインの枚数と、自分が保有しているコインの枚数が表示されます。

5 <購入する>をタップし、

6 <OK >をタップするとダウンロードが開始します。

「メールアドレス登録」画面が表示されたら、<あとで>または<登録する>をタップします。

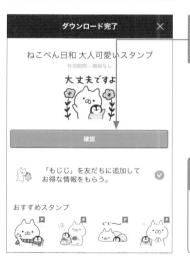

7 <確認>をタップすると、ダウンロードしたスタンプを確認できます。

 Memo 無料スタンプについて

無料でスタンプを入手する方法については、Sec.38を参照してください。

Section

41

着せかえを入手しよう

お役立ち度
★★★

「着せかえ」機能を利用すると、メニューやアイコン、「トーク」画面の背景などのデザインを変えることができます。着せかえにはさまざまな種類があります。

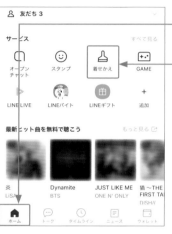

1 <ホーム>をタップして「ホーム」画面を表示し、

2 <着せかえ>をタップします。

3 「着せかえショップ」画面が表示されます。

4 <おすすめ>をタップし、

📊 **Step Up** 有料の着せかえ

有料の着せかえにはコインの枚数が表示されています。

LINEをもっと使いこなそう

6

5 入手したい着せかえをタップします。

着せかえを検索する

画面を下方向にスワイプすると、画面上部に検索フィールドが表示されます。

6 <ダウンロード>（有料の着せかえの場合は<購入する>）をタップすると、着せかえを入手できます。

ダウンロード完了後に<今すぐ適用する>をタップすると、着せかえを適用できます。

変更後のデザインを確認できます。

Section

42

着せかえを
変更しよう

お役立ち度
★★★

入手した着せかえを適用して、デザインを変更して
みましょう。適用後のデザインも事前に確認するこ
とができるので安心です。

1 <ホーム>をタップして
「ホーム」画面を表示し、

2 ⚙ をタップします。

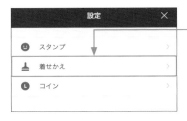

3 <着せかえ>をタップします。

4 <マイ着せかえ>をタップ
します。

LINEをもっと使いこなそう

5 ダウンロードした着せかえ
が表示されます。

6 適用したい着せかえの<適
用する>をタップします。

<適用する>以外の箇所をタップすると着せかえ情報が表示され、適用後のデザインを確認できます。

6

LINEをもっと使いこなそう

🔼 Step Up 着せかえを削除する

着せかえを削除したい場合は、手順5 の「マイ着せかえ」画面で<編集>を タップします。着せかえの左の●をタッ プして<削除>をタップすると、着せか えが削除されます。

117

プロフィールを編集しよう

プロフィール画像やIDなどを設定しておけば、友だちとつながりやすくなります。なお、一度設定したIDは変更できないので注意しましょう。

プロフィール画像を設定する

1 <ホーム>をタップして「ホーム」画面を表示し、

2 ⚙をタップします。

	設定	×
👤	プロフィール	>
🆔	アカウント	>
🔒	プライバシー管理	>
✅	アカウント引き継ぎ	>
🔞	年齢確認	>
🔖	Keep	>
⌚	Apple Watch	>
😊	スタンプ	>
👕	着せかえ	>

3 <プロフィール>をタップして、

手順**1**の画面で自分の名前をタップし、⚙をタップすることでも、P.119手順**4**の画面を表示することができます。

4 アイコンをタップします。

プロフィール画像を変更したことをタイムラインに投稿したくない場合は、「画像の変更を投稿」を ■ にします。

5 <写真・動画を選択>をタップして、

<カメラで撮影>をタップすると、その場で撮った写真を設定できます。

6 プロフィール画像に設定したい写真をタップします。

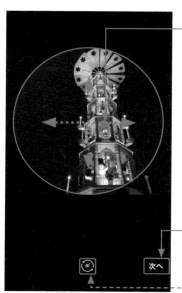

7 上下左右にドラッグして位置を決め、

8 <次へ>をタップします。

◎をタップすると、写真が90度左方向に回転します。

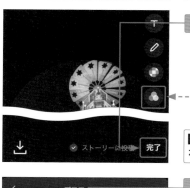

9 <完了>をタップします。

◎をタップすると、フィルターを適用できます。

10 プロフィール画像が設定されます。

名前を変更する

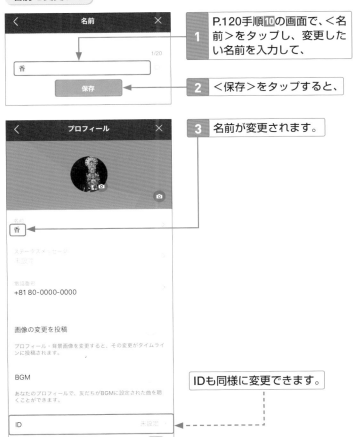

1	P.120手順10の画面で、<名前>をタップし、変更したい名前を入力して、
2	<保存>をタップすると、
3	名前が変更されます。

IDも同様に変更できます。

Memo そのほかの設定項目

「ステータスメッセージ」では、今の自分の気持ちを表現することができ、設定すると名前の下に表示されます。また、「ID」を設定しておくと、友だちが自分を登録する際に便利です（Sec.10参照）。なお、IDは一度設定すると変更できないので注意しましょう。そのほかにも、BGMや誕生日などを設定することができます。

Section

44

タイムラインに投稿しよう

お役立ち度
★★★

友だちに近況を伝えたいときは、タイムラインを利用するとよいでしょう。タイムラインには写真や動画を投稿することもできます。

6

LINEをもっと使いこなそう

大人気「可愛い嘘のカワウソ」と「ローソン」がコラボしたLINEスタンプを無料配布中♪ダウンロードして もっと見る

😊 💬 📤

🏠 ホーム | 💬 トーク | 🕐 タイムライン | 📰 ニュース | 💳 ウォレット

1 <タイムライン>をタップして「タイムライン」画面を表示し、

2 ➕をタップします。

📷 カメラ

✏️ 投稿

✖️

3 <投稿>をタップしたら、

✖️ | 投稿

🌐 全体公開 ▾
誰でもこの投稿を閲覧およびシェアできます。

土曜日は浅草で食べ歩き🚶
天気も良いし楽しみだな〜！

📍 位置情報をシェア

🖼️ 📷 😊

4 近況を入力して、

5 <投稿>をタップします。

タイムラインにはスタンプや写真も投稿できます。

122

| 6 | タイムラインに近況が投稿されます。 |

タイムラインに投稿した内容は、お互いが友だち登録をしているユーザー全員が閲覧できます。

📊 Step Up タイムラインの投稿を編集・削除する

タイムラインに投稿した内容を編集・削除したいときは、手順6の画面で該当する投稿の … をタップします。<投稿を修正>をタップすると投稿内容を修正でき、<削除>をタップすると投稿を削除できます。なお、<公開設定を変更>をタップすると、公開範囲を設定できます。

Section

45

友だちの近況を確認しよう

お役立ち度
★★★

タイムラインには、友だちやフォロー中の公式アカウントの最新情報が表示されます。友だちの投稿にはスタンプやコメントを付けられます。

1 <タイムライン>をタップして「タイムライン」画面を表示し、

2 画面を上方向にスワイプして友だちの投稿をチェックします。

3 投稿にスタンプを付けたい場合は☺をタッチし、

「投稿のシェアについて」画面が表示されたら、<OK>をタップします。

☺をタップすると、コメントを付けることができます。

6
LINEをもっと使いこなそう

4 付けたいスタンプをタップ
します。

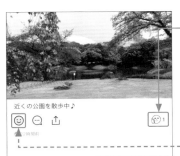

5 投稿にスタンプが表示され
ます。

スタンプを取り消したい場合や
変更したい場合は、☺をタップ
します。

 Memo 友だちのタイムラインをまとめて見る

タイムラインへの投稿はユーザーのホーム画面にも反映されています。特定のユーザーのタイムラインをまとめて見たいときは、P.124手順 **3** の画面で友だちのアイコンをタップし、<投稿>をタップすると、投稿が時系列順に表示されます。

Section

46

トークの並び順を
固定しよう

お役立ち度

★★★

「ピン」機能を利用すれば、特定のトークをトークリストの上部に固定することができます。メッセージを送りたいときにすぐに開けるので便利です。

1 <トーク>をタップして「トーク」画面を表示し、

最初は新しいメッセージが上部に表示されるように設定されています。

2 固定したいトークを右方向にスワイプして、

左方向にスワイプした場合は、トークの非表示や削除を行うことができます。

3 ★をタップします。

🔕をタップすると、トークの通知をオフに設定できます。

4 アイコン右下に 📌 が表示され、トークが上部に固定されます。

複数のトークを固定することもできます。

5 手順**4**の画面で固定したトークを右方向にスワイプし、

6 📌 をタップすると、固定が解除されます。

Memo トークの並び順を変更する

P.126手順**1**の画面で、画面上部の<トーク>をタップし、<受信時間><未読メッセージ><お気に入り>のいずれかをタップすれば、トークの並び順を変更することができます。なお、「お気に入り」は、お気に入り登録（Sec.07参照）した友だちとのトークが優先的に上部に表示されます。

ノートで情報を
共有しよう

ノートには、グループ内などで共有したい情報など
を書き留めておくと便利です。写真や動画、スタ
ンプなども投稿できます。

ノートに投稿する

大切な写真はアルバムを作成してシェアしよう
アルバム作成

🗒 ノート

📅 イベント

🔗 リンク

| | P.104手順 1〜2 を参考に トークルームを表示し、☰ →<ノート>の順にタップ します。 |

× 　　読書の会 (2)

ノート　　アルバム　　写真・動画　　リンク　　ファ

🔍 テキスト、@メンバー、#ハッシュタグ

➕

2 ➕をタップします。

ノートを作成

リレー 🗇

カメラ 📷

投稿 ✏️

×

3 <投稿>をタップします。

<カメラ>をタップすると、そ の場で撮影した写真を投稿でき ます。<リレー>をタップする とリレーが作成され、写真や動 画、テキストをみんなで投稿し 合うことができます。

4 投稿内容を入力し、

5 ＜投稿＞をタップします。

⬜ をタップすると、保存されている写真を添付できます。

☺ をタップすると、スタンプを追加できます。

◎ をタップすると、その場で撮った写真を添付できます。

6 ノートに投稿されます。

 Hint 投稿内容の修正

投稿した内容を修正したい場合は、右上の … をタップし、＜投稿を修正＞をタップすると、手順**4**の画面に戻すことができます。

Memo そのほかに投稿できるサービス

手順**4**の画面で … をタップして＜位置情報＞をタップすると、位置情報を投稿でき、＜GIF＞をタップすると、GIF画像を投稿できます。なお、＜音楽＞をタップすると、＜LINE MUSIC＞アプリの音楽を投稿でき、＜タイマー＞をタップすると、投稿した内容を指定した時間に自動的に削除する設定ができます。

ノートの投稿に反応する

ノートに投稿があると、トークルームに通知されます。

1 通知をタップすると、

2 投稿の詳細が表示されます。

3 ☺をタッチします。

4 投稿に付けたいスタンプをタップすると、

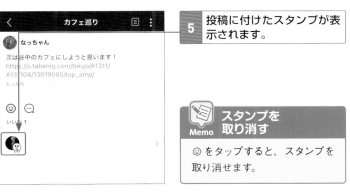

5 投稿に付けたスタンプが表示されます。

Memo スタンプを取り消す

☺ をタップすると、スタンプを取り消せます。

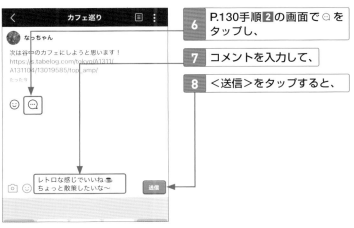

6 P.130手順**2**の画面で ☺ をタップし、

7 コメントを入力して、

8 <送信>をタップすると、

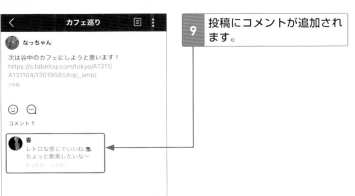

9 投稿にコメントが追加されます。

Section 48

大切な投稿を保存しよう

覚えておきたいメッセージや気に入った写真がトークに埋もれてしまわないように、「Keep」機能を使って保存しましょう。

お役立ち度
★★★

Keep に保存する

1 P.62手順 1 ～ 2 を参考にトークルームを開き、保存しておきたいメッセージをタッチして、

2 <Keep >をタップします。

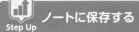

Step Up ノートに保存する

Keep以外では、ノートに保存することもできます（Sec.47参照）。

132

3 Keepに保存したいメッセージの◯をタップしてチェックを付け、

スタンプなどKeepに保存できないものは、半透明の状態で表示されます。

4 <保存>をタップします。

5 「Keep」に保存されます。

Memo Keepに保存できるもの

Keepにはメッセージで受信した文字や写真、動画、音声メッセージなどが保存できます。

保存したデータを確認する

1 <ホーム>をタップして「ホーム」画面を表示し、

2 自分のアカウントをタップして、

3 <Keep>をタップします。

Keepに関する説明が表示された場合は、<OK>をタップします。

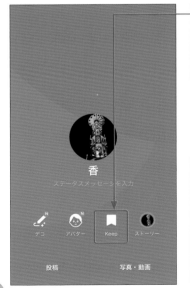

Memo プロフィールの設定

手順3の画面で、画面右上の ⚙ をタップすると、名前やプロフィールアイコンなど、自分のプロフィールの設定や変更ができます（Sec.43参照）。

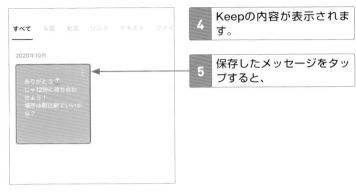

| 4 | Keepの内容が表示されます。 |

| 5 | 保存したメッセージをタップすると、 |

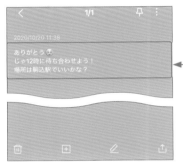

| 6 | メッセージの内容が表示されます。テキスト形式のメッセージの場合は、画面下部のをタップすると編集できます。 |

Memo　Keepしたものを検索&ジャンル別に見る

手順**4**の画面で<写真>または<動画>をタップすると、写真や動画が表示されます。<リンク>をタップするとリンクが表示され、<テキスト>をタップすると、テキスト形式のメッセージが表示されます。ボイスメッセージは、<ファイル>をタップすると表示されます。なお、<すべて>をタップした状態で画面を下方向にスワイプすると、検索フィールドが表示され、Keepしたものを検索できます。

49

保存したアイテムを
共有しよう

お役立ち度
★★★

Keepに保存したメッセージや写真などは、トークを通じて友だちと共有できます。ここでは、Keepに保存した写真を友だちに送信する手順を紹介します。

> **1** P.134手順**1**〜**2**を参考に自分のプロフィール画面を表示し、<Keep>をタップして、

香
ステータスメッセージを入力

デコ　アバター　Keep　ストーリー

すべて　**写真**　動画　リンク　テキスト　ファイ

2020年10月

> **2** <写真>をタップしたら、

> **3** シェアしたい写真をタップします。

> 写真以外のファイルを送る場合は、手順**2**で<動画><リンク><テキスト><ファイル><すべて>のいずれかをタップします。

写真のプレビューを確認し **4** て⬆をタップしたら、

Hint プレビュー画面の操作

🗑 をタップすると写真の削除が、⊞をタップするとコレクションへの追加が、⬇をタップすると写真のダウンロードができます。

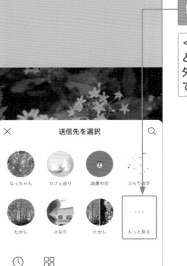

5 <もっと見る>をタップします。

<他のアプリ>をタップすると、「メッセージ」などLINE以外のアプリでシェアすることができます。

送信先を選択

なっちゃん　カフェ巡り　読書の会　ぶらり散歩

たかし　さおり　たかし　もっと見る

タイムライン　他のアプリ

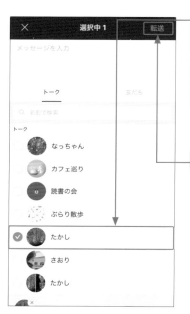

6 送信先の友だちをタップしてチェックを付けて、

<友だち>をタップすると、LINEに登録されている友だちの一覧が表示されます。

7 <転送>をタップすると、

8 Keepに保存していた写真が送信されます。

第 **7** 章

こんなときは どうする?

機種変更のときに情報を残したい！

機種変更をしても、同じアカウントを引き継いで利用できます。引き継ぎには事前にメールアドレスとパスワードの登録、設定が必要です。

お役立ち度
☆☆☆

機種変更前にメールアドレスとパスワードを登録しておく

1 ＜ホーム＞をタップして「ホーム」画面を表示し、⚙をタップします。

2 ＜アカウント＞をタップしたら、

3 ＜メールアドレス＞をタップし、

パスワードはP.25で登録しています。

4 登録するメールアドレスを入力して、

5 ＜次へ＞をタップします。

6 手順**4**で入力したメールアドレス宛に届く認証番号を入力すると、登録が完了します。

引き継ぎ設定を行う

1 <ホーム>をタップして「ホーム」画面を表示し、⚙をタップします。

2 <アカウント引き継ぎ>をタップします。

3 をタップし、

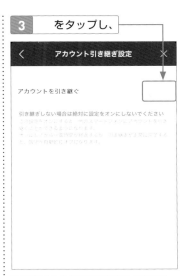

4 <OK>をタップします。

設定完了後、24時間以内にアカウントを引き継ぐ必要があります（Sec.51参照）。

お役立ち度
★★★

第7章 こんなときはどうする？

アカウントを引き継ぎたい！

アカウントを引き継ぐ際は、あらかじめSec.50を参考にメールアドレスとパスワードの登録、引き継ぎ設定を済ませておきましょう。

1 P.22手順**2**の画面で＜ログイン＞をタップし、

LINE

LINEへようこそ

無料のメールや音声・ビデオ通話を楽しもう！

ログイン

2 ＜電話番号でログイン＞をタップします。

‹

LINEにログイン

LINEに登録されている電話番号でログインしてください。

以前に LINEとApple ID

電話番号でログイン

3 電話番号を入力し、

この端末の電話番号を入力

LINEの利用規約とプライバシーポリシーに同意のうえ、電話番号を入力して矢印ボタンをタップしてください。

日本 (Japan) ▾

08000000000

→

4 ●→＜送信＞の順にタップします。

5 手順**3**で入力した電話番号宛に届いた認証番号を入力し、画面の指示に従って進むと、引き継ぎが完了します。

認証番号を入力

08000000000にSMSで認証番号を送信しました。

—

年齢確認ができない!

お役立ち度
★★★

格安SIMなどを使っている場合は、年齢確認をすることができません。QRコードを使って、友だちを登録しましょう。

年齢確認を行うためには、ドコモ、au、ソフトバンク、LINE モバイル、Y!mobile と契約しておく必要があります。そのほかの格安 SIM を利用している場合でも LINE 自体は使用できますが、年齢確認を行うことはできません。

年齢確認は、ID や電話番号で友だち検索をする場合(Sec.10 ～ 11 参照)に必要です。ID や電話番号で友だちを検索しないのであれば、年齢確認をする必要はありません。QR コードを送ってもらって友だちを登録(Sec.08 参照)するなど、ほかの方法で友だちを登録しましょう。

年齢確認を行わないと、IDや電話番号で友だちを検索することができません。

ドコモ、au、ソフトバンク、LINEモバイル、Y!mobileとの契約が必要です。

Section

53

パスコードを
かけたい！

お役立ち度
★★★

4桁のパスコードを設定しておくと、アプリを起動するたびにパスコードの入力が求められるので、セキュリティ対策にもなります。

1 ＜ホーム＞をタップして「ホーム」画面を表示し、

2 ⚙ をタップします。

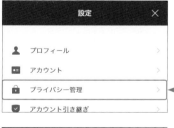

3 ＜プライバシー管理＞をタップして、

4 「パスコードロック」の◯をタップします。

5 設定したいパスコードを2
回入力すると、

6 「パスコードロック」が⬤
になり、パスコードが設定
されます。

設定後は、＜LINE＞アプリを
起動するたびにパスコードの入
力が求められます。

パスコードを変更したいとき
は、＜パスコードの変更＞を
タップし、新しいパスコードを
2回入力します。

パスコードを解除したいとき
は、「パスコードロック」の⬤
をタップします。

145

通知を切りたい!

LINEの通知が多くて気になるときは、通知をオフにしておきましょう。通知の設定は、アプリ側で細かく設定することができます。

すべての通知をオフにする

1 <ホーム>をタップして「ホーム」画面を表示し、🔧をタップします。

2 <通知>をタップします。

3 「通知」の⬤をタップすると、

4 ⬤になり、通知がオフになります。もとに戻したいときは、タップしてオンにします。

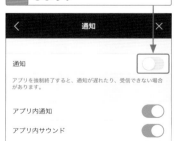

通知を項目ごとにオフにする

1 <ホーム>をタップして「ホーム」画面を表示し、⚙をタップします。

2 <通知>をタップします。

3 ここでは<タイムライン通知>をタップし、

4 オフにしたい項目の ◯ をタップして にします。

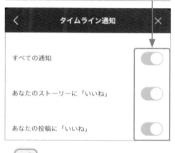

Step Up 友だちやグループごとに通知をオフにする

友だちやグループのトークルームを表示し、画面右上の≡をタップして<通知オフ>をタップすると、個別に通知をオフにできます。

こんなときはどうする？

Section 55

トーク履歴を削除したい!

トーク履歴はまとめて削除することが可能です。なお、削除しても相手側のトークにメッセージは残ります。

お役立ち度 ★★★

トークルーム内のトーク履歴を削除する

1 トーク履歴を削除したいトークルームを表示し、

紅葉が綺麗みたい！週末空いてたら行ってみない？ 10:13

https://www.tokyo-park.or.jp/park/format/index031.html

六義園｜公園へ行こう！
背景色： Javascriptを有効にしてください 文字サイズ：... 10:13

いいね！行きたい 10:14

2 ≡をタップして、

3 <その他>をタップします。

- アルバム
- 大切な写真はアルバムを作成してシェアしよう。 アルバム作成
- ノート
- イベント
- リンク
- ファイル
- その他

4 <トーク履歴をすべて削除>をタップし、

暗号化キー

🔒 このトークルームではLetter Sealingが適用されています。

アルバムのキャッシュをリセット

アルバムや写真を読み込めない場合は、アルバムのキャッシュをリセットしてください。

データを削除

データタイプや期間を選択してデータを削除します。

トーク履歴をすべて削除

5 <削除する>をタップすると、トーク履歴が削除されます。

トーク履歴を送信

トーク内容をテキスト形式のファイルで送信します。

一度削除したトーク履歴は確認できません。
トーク履歴をすべて削除しますか？

キャンセル | 削除する

データを削除

データタイプや期間を選択してデータを削除します。

すべてのトーク履歴を削除する

1 P.140手順**1**を参考に「設定」画面を表示し、<トーク>をタップします。

設定 ✕

◀) 通知　　　　　　　　　オン >

▶ 写真と動画　　　　　　　　　>

💬 トーク

2 <データの削除>をタップします。

ます。

スタンプレビュー

送信前に選択したスタンプが大きく表示されます。

サジェスト表示　　　　　　オフ >

入力したテキストに適したスタンプや絵文字を変換候補として表示します。

データの削除　　　　　　　　　>

3 <すべてのトーク履歴>→<OK >の順にタップし、

写真　　　　　　　　　　1.1 MB

ボイスメッセージ　　　　0.0 MB

ファイル　　　　　　　　0.0 MB

トークで送受信された写真（アルバムを除く）、ボイスメッセージ、ファイルのデータです。保存期間が終了したデータを削除すると確認できなくなります。

すべてのトーク履歴

4 <選択したデータを削除>→<データを削除>の順にタップすると、すべてのトーク履歴が削除されます。

選択したデータを削除(76.4 MB)

📊 Step Up　メッセージを削除する

トークルーム内のメッセージを個別に削除したいときは、削除したいメッセージをタッチし、<削除>をタップします。ほかにも削除したいメッセージがあれば◯をタップして✓にし、<削除>→<削除>の順にタップするとメッセージが削除されます。また、送信して24時間以内であれば、メッセージをタッチして<送信取消>をタップすると、相手のトークルームからメッセージを削除できます。

Section

56

お役立ち度
★★★

既読を
付けたくない!

メッセージを読むと「既読」が表示されますが、3D Touchを利用すれば、既読を付けずにメッセージを確認することができます。

7

こんなときはどうする?

> 1 <トーク>をタップして「トーク」画面を表示し、既読を付けたくないトークを押します。

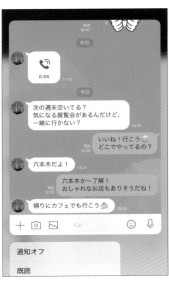

> 2 「トーク」画面がプレビュー表示され、各操作が行えます。

3 P.150手順**2**の画面でトーク部分をタップすると、トークルームが表示されます。

 Hint 3D Touchを使わない方法

iPhoneを機内モードに設定してからトークルームを開いた場合は、既読が付きません。ただし、機内モードを解除すると、相手に既読通知が届きます。

7

こんなときはどうする？

 Memo ロック画面からメッセージを確認する

ロック画面からでも、既読を付けずにメッセージを確認することができます。ロック画面に表示されている通知を押すと、ポップアップが表示されてメッセージを確認できます。＜返信＞をタップすると、＜LINE＞アプリを開かずにメッセージに返信することができます。

押す

タップ

57

迷惑な相手を
ブロックしたい!

お役立ち度
☆☆☆

知らない人や迷惑な相手と交流したくないときは、
「ブロック」して交流できないようにしましょう。なお、
ブロックしたことは相手には通知されません。

1 <ホーム>をタップして
「ホーム」画面を表示し、
ブロックしたい相手を左方
向にスワイプします。

2 <ブロック>→<ブロッ
ク>の順にタップすると、

3 相手がブロックされ、「ホー
ム」画面に表示されなくな
ります。

ブロックを解除する
Hint

「ホーム」画面で🔧→<友だ
ち>→<ブロックリスト>の順
にタップし、ブロックを解除し
たい友だちをタップしてチェッ
クを付け、<ブロック解除>→
<ブロック解除>の順にタップ
します。

Section

58

ブロックした相手を
削除したい!

お役立ち度
★★★

ブロックした相手と完全につながりを絶ちたいとき
は、ブロックリストから相手を削除しましょう。相手
を削除しても相手には通知されません。

---

1 Sec.57を参考に削除した
い相手をブロックします。

2 <ホーム>をタップして
「ホーム」画面を表示し、
⚙をタップします。

3 <友だち>をタップします。

---

4 <ブロックリスト>をタップ
し、

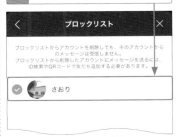

5 削除したい相手をタップし
てチェックを付け、

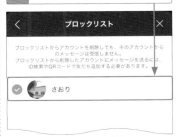

6 <削除>→<削除>の順に
タップすると、相手を完全
に削除できます。

Section 59

友だち以外から受信したくない！

お役立ち度
★★★

面識のない人からメッセージが送られてくる場合は、友だち以外からのメッセージを拒否する設定にしておきましょう。

7
こんなときはどうする？

---

1 <ホーム>をタップして「ホーム」画面を表示し、⚙をタップします。

⚙ ホーム 🔔 👥

🔍 検索

香 Keep

👥 グループ 3 ⌄

👥 友だち 3 ⌄

サービス すべて見る

⬜ オープン　😊 スタンプ　⛊ 着せかえ　➕ GAME

2 <プライバシー管理>をタップします。

設定 ✕

👤 プロフィール 〉

▪️ アカウント 〉

🔒 プライバシー管理 〉

💚 アカウント引き継ぎ 〉

🔘 年齢確認 〉

🔖 Keep 〉

---

3 「メッセージ受信拒否」の ⚪ をタップします。

パスコードロック ⚪

IDによる友だち追加を許可 🔵

他のユーザーがあなたのIDを検索して友だち追加することができます。

メッセージ受信拒否 ⚪

友だち以外からのメッセージの受信を拒否します。

4 「メッセージ受信拒否」がオンになり、友だち以外からのメッセージの受信を拒否します。

メッセージ受信拒否 🔵

友だち以外からのメッセージの受信を拒否します。

Letter Sealing 🔵

メッセージは高度な暗号化によって保護されます。Letter Sealingは友だちがその機能を有効にしている場合に限りトークで利用できます。

自分が友だちに追加していなくても、相手が自分を友だちに追加している場合は、メッセージが送られてくることがあるので、あらかじめ拒否しておきましょう。

最新版のアプリを使いたい!

アプリは機能向上のため、時々アップデートが行われます。アップデートによって新しい機能が追加されることもあるので、常に最新のバージョンにしておきましょう。

1 <ホーム>をタップして「ホーム」画面を表示し、⚙をタップします。

2 <LINEについて>をタップします。

3 現在のバージョンを確認できます。

アップデートがある場合は、<App Store >アプリを起動し、<アップデート>をタップして最新版にしましょう。

Section 61

アカウントを 削除したい!

LINEのアカウントは、いつでも削除することができます。ただし、削除したアカウントを復活させることはできないので、十分注意しましょう。

お役立ち度
★★★

1 <ホーム>をタップして「ホーム」画面を表示し、

2 ⚙をタップします。

3 <アカウント>をタップしたら、

設定画面:
- プロフィール
- アカウント
- プライバシー管理
- アカウント引き継ぎ
- 年齢確認

アカウント

電話番号	+81 80-0000-0000 >
メールアドレス	kaoru23shimizu@gmail.com >

ログイン中の端末

アカウント削除

4 <アカウント削除>→<次へ>の順にタップします。

アカウント削除

!

LINEアカウントを削除しますか？

保有アイテム

ⓒ コイン	0	0
ⓟ ポイント	0	0
☺ スタンプ	33	0
㊂ 着せかえ	3	0

LINEアカウントを削除すると、購入履歴、コイン、ポイント、購入アイテムがすべて削除されます。

☑ すべてのアイテムが削除されることを理解しました。

☑ 連動アプリとそのアプリで購入したアイテムが使用できなくなることを理解しました。

❶ 注意事項

LINEアカウントを削除すると、友だちリスト、トーク履歴、コイン、ポイント、購入アイテム、連動アプリがすべて削除されます。
削除されたLINEアカウントのデータは元に戻すことができません。

☑ LINEアカウントのすべてのデータが削除されることを理解し、アカウントの削除に同意します。

アカウントを削除

キャンセル

5 「保有アイテム」「連動アプリ」「注意事項」の各内容を確認し、　をタップして☑にしたら、

6 <アカウントを削除>→<削除>の順にタップします。

7

こんなときはどうする？

157

索引
INDEX